新陈代谢的哲学视野

徐 华 编著

西南交通大学出版社

·成都·

内容提要

本书认为，新陈代谢体现在宇宙、天、地、人的一切变化与进程之中。作者首先对生物的新陈代谢进行了考察和说明，其次从哲学上讲述了新陈代谢的基本思想，最后用新陈代谢的哲学视野叙述了宇宙演化、太阳演化、生物起源与进化、人类社会历史发展、人的一生，给读者展示了整个世界与人的新陈代谢的壮阔画面。书中的许多观点、立场和建议，具有很好的参考价值。全书图文并茂，通俗易懂，论点新颖，总体构架与论述行云流水，是值得珍藏和反复阅读的哲学书籍。

图书在版编目（ＣＩＰ）数据

新陈代谢的哲学视野 / 徐华编著. —成都：西南交通大学
出版社，2018.1
ISBN 978-7-5643-5966-9
Ⅰ. ①新… Ⅱ. ①徐… Ⅲ. ①代谢－研究 Ⅳ.
①Q493.1
中国版本图书馆 CIP 数据核字（2017）第 317648 号

新陈代谢的哲学视野　　　　徐 华　编著

责 任 编 辑	牛　君	
助 理 编 辑	郑丽娟	
封 面 设 计	严春艳	
出 版 发 行	西南交通大学出版社	
	（四川省成都市二环路北一段 111 号	
	西南交通大学创新大厦 21 楼）	
发行部电话	028-87600564　028-87600533	
邮 政 编 码	610031	
网　　　址	http://www.xnjdcbs.com	
印　　　刷	四川煤田地质制图印刷厂	
成 品 尺 寸	165 mm×230 mm	
印　　　张	16　　　　字　　数　　246 千	
版　　　次	2018 年 1 月第 1 版　　印　　次　　2018 年 1 月第 1 次	
书　　　号	ISBN 978-7-5643-5966-9	
定　　　价	68.00 元	

目　录
CONTENTS

一、新陈代谢的生物现象

　　说起新陈代谢，人们往往会立即想到生物的新陈代谢。是的，没有问题，新陈代谢是生物的一个重要机能。那我们就从生物的新陈代谢讲起吧。

　　虽然人们常常会说到外星人、外星生命，但其实只是猜想而已。我们地球人，目前所能接触并加以研究的，只是地球生命。因此，我们在这里也只能谈谈地球生命的新陈代谢。

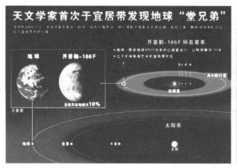

　　我们谈地球生命的新陈代谢，肯定要说到地球生命的定义、起源、本质、种类、进化等有关问题。

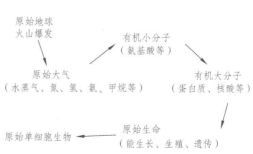

　　地球生命到底是什么？我们大概可以这样讲：在地球上，凡是具有物

质代谢、能量代谢功能，能够回应刺激且能够进行繁殖的开放性物质系统，就是生命系统。

为什么地球生命必须是系统呢？

这是因为，生命首先是物质演化的产物，并且生命自身也是基于能量不断演化、不断新陈代谢的。地球生命来自物质与能量：

物质+能量→原始生命、植物、微生物、动物等。

地球生命的每个个体都要经历出生、成长、繁殖、死亡，这是生命个体的新陈代谢历程。

地球生命的每一个种群，也在一代又一代的个体的新陈代谢中，依靠基因的传承和随机变异，不断地向地球演变的实际状况，作趋同演化。

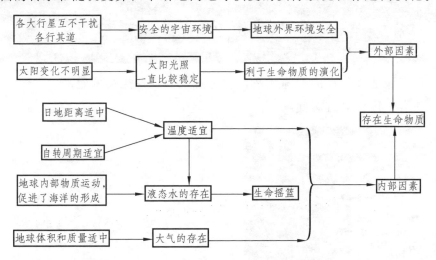

地球科学和生命科学认为：地球生命，是自发适应地球自然演进规律的。

地球生命还包含我们无法排除的、未知的生命形态的存在。

我们对生命的定义，往往不具有足够的普遍性，有时还有一些模糊。

我们对地球生命的定义，一般不能包含尽可能广泛存在的所有的地球生命形态。

任何地球生命，本身是物质过程、能量过程、形态转化过程、信息传递与异化过程，地球生命的个体、群体、全体是这些过程的载体，是新陈代谢过程的载体和主体。

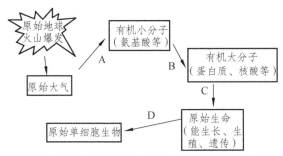

地质时代	冥古宙 （46亿～38亿年）	太古宙 （38亿～25亿年）	元古宙 （25亿～5.7亿年）	显生宙 （5.7亿年～现在）
地球	地球形成，小行星冲击	壳、幔、核分离	中心核增长	层圈构造稳定
地壳	玄武质薄壳，局部岛弧	早期为玄武质薄壳与岛弧，晚期出现陆核	陆核扩大形成稳定古陆，中晚期形成超大陆	大陆经历了分裂—聚合—再分裂的历史
大气圈	早期 H、He？ 晚期 CO_2、H_2O？	无游离 O_2，CO_2、H_2O 为主	O_2 进入大气圈并逐渐增加	O_2增加 CO_2减少
水圈	可能为分散的浅水盆（？）	水圈主体形成，E_h、pH 值低	水圈积累，形成大量灰岩和白云岩	水圈稳定，接近现在水平
生物圈	无记录	自养生物原核细胞生物，原始菌藻类	真核细胞生物，菌藻类繁盛	后生生物，各种植物、动物等

我们可以把地球生命过程看作以生存和繁殖为目的，依照地球自然演化而自适应的新陈代谢的进化过程、演化过程。

因此，我们可以说，地球生命的本质就是生存的过程、繁殖的过程、保持统一性又多样化的过程，也就是自发的高级的、有序的物质过程、能量过程、形态转化过程、信息传递与异化过程、新陈代谢过程。

在地球生命过程中，地球生命的个体、群体、全体不断地创生，又不断地死亡，新的个体、新的种群不断代替旧的个体、旧的种群。

地球生命，不仅有个体的**创生、生存、成长、繁衍、老化、消亡、更**

新等多方面的新陈代谢，更有群体、种群、群落、全体的**创生、生存、成长、繁衍、老化、消亡、更新**等多方面的新陈代谢。

一切地球生命过程，也就是新陈代谢的过程，这些过程始终伴随着创生、生存、成长、繁衍、老化、消亡、更新的事件。

有一点是这样的：

地球，可以创生地球生命，也可以毁灭地球生命。

有开端的，必有其终结。对于地球生命，也是一样的。

我们这样讲地球生命，好像很有哲学意味。

是的，我们在这里讲的，就是哲学。

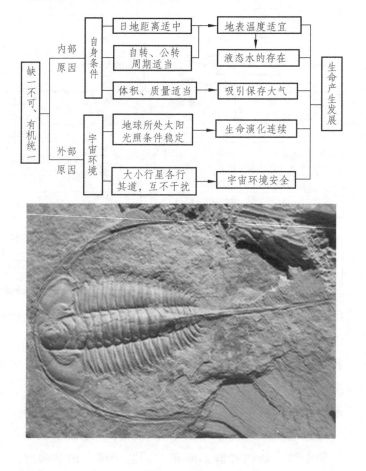

地球生命**创生、生存、成长、繁衍、老化、消亡、更新**的过程，就是地球物质或宇宙物质新陈代谢的过程。

创生、生存、成长、繁衍、老化、消亡、更新的过程，实际上就是地球上的生命物质、生命能量、生命信息、生命形态从无序转变为有序，最终又归于无序的新陈代谢过程。

地球生命的参与者，始终是物质、能量、信息、形态结构，外在变化，始终是物质形态结构的变化。

我们大家所谈的地球生命，实际上专指地球生命有机体。

因此，地球生命的新陈代谢，实际上就是地球生命有机体的新陈代谢，就是地球生命有机体物质形态结构的**创生、生存、成长、繁衍、老化、消亡、更新**。

火星印象

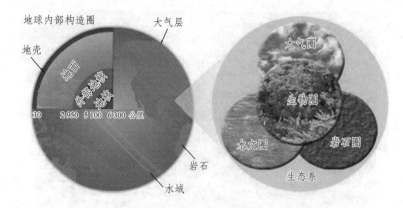

地球生命体，就是**创生、生存、成长、繁衍、老化、消亡、更新**的物质系统。

地球生命有机体，是我们地球这样的星球环境所幸有的。

我们的地球生命体，以水为载体，由地球各种复杂的物质、元素组成，能够自行进行同化作用、异化作用、自我复制、分裂繁殖等。

所有地球有机生命体，如细胞、动物、植物等，都具有进行同化作用、异化作用、自我复制、分裂繁殖的能力。

我们一般地把地球生命有机体，简称为生命。

通常情况下，绝大多数人还是可以区分：什么东西有生命，什么东西没有生命。

其实，对我们地球人而言：生命，我们太熟悉了。

为什么会是这样？

因为，我们人类自己，就是地球生命有机体。

对我们地球人而言，生命是什么，一般没有问题。

可是，在我们地球人之中，就是有那么一些专家、学者，他们偏偏不能给生命下一个好的、科学的定义，他们甚至觉得：

地球生命的定义，是千百年来的一个困难问题，至今不能完全解决。

这个有关系吗？没有关系。

笔者的看法是：让这些专家、学者争论去吧。我们对地球生命，自有看法。

关于地球生命有机体的定义，我们只要按照自己的常识去理解，就行了。

我们不要把地球生命的定义，搞得太复杂了。

简单为好，大道至简。

我们的地球生命，离不开由核酸和蛋白质等物质组成的分子体系。

靠着这样的大分子，我们的地球生命具有不断自我复制、繁殖后代的能力，也有对外界实际情况变动进行适应性反应的能力。

地球生命有机体，总体上，有各种共同的表现：

出生、生长发育、新陈代谢、自我繁殖、遗传变异、老化、死亡、对刺激产生反应等。

这些，是地球生命有机体的共同的复合现象，是一切地球生命有机体的共性。

出生、生长发育、新陈代谢、自我繁殖、遗传变异、老化、死亡、对刺激产生反应等，加起来，是我们地球生命有机体所特有的。记住，这些要加起来，不可以分开来看。

正是因为地球生物体表现"**出生、生长发育、新陈代谢、自我繁殖、遗传变异、老化、死亡、对刺激产生反应**"等现象，我们才称这些物质系统为"生命"。

在地球生命的众多现象中，我们这里特别关心的，是其中的"新陈代谢"。

一、新陈代谢：

生物体与环境之间不间断地进行着物质交换和能量交换，生物体内部也不断进行物质和能量的转变，从而完成生物体的自我更新。

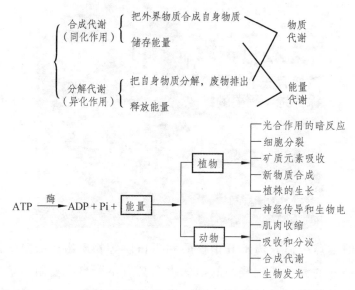

有些生物个体在一些关键期，似乎不会体现生命现象。

比如受精的鸡蛋、空气中的细菌和病毒、各种植物种子，甚至冬眠的蛇、龟与昆虫等，没有新陈代谢，没有生长发育等生命特征。但是，它们同样是地球生命有机体的范畴。我们不可能称它们为"非生命"。

每个生命有机体的每一个片段，都有其存在的方式，都是生命的一部分。

没有这些片段，生命就会结束。

比如进食，比如休眠，比如人类的交流，比如动物交媾之前的一些行为，等等。

在我们的地球上，已经发现一百余种化学元素。

地球生命有机体所必需的元素，差不多都是特定的几十种，其中 C、H、O、N、P、S、Ca、Mg、K 占了绝对多数，它们构成各种各样的生命大分子。

地球生物有机体，基本都含生物大分子，如蛋白质、核酸、脂质、糖、维生素等有机物。

这些生命大分子，在各种生物有机体中，都有着基本相同的结构模式和功能。

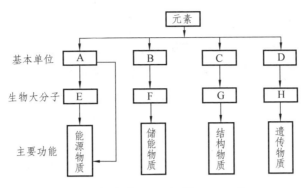

地球上的一切生物体的遗传物质，都是 DNA 和 RNA。

在地球生命有机体体内，起催化作用的酶，都是各种各样的蛋白质。各种生物体，都能够利用高能化合物（ATP、NADH……）等，这是地球生物有机体在化学成分上存在的高度同一性。

地球生命有无限的复杂性和多样性，但在生物大分子方面有高度的统一性。

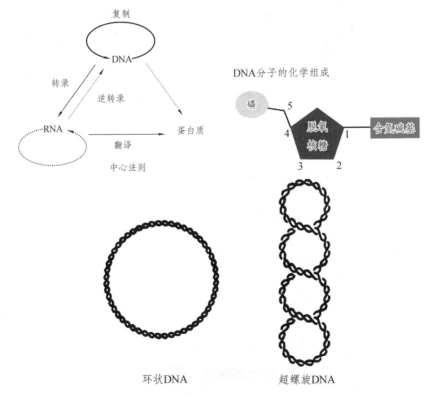

环状DNA　　　　超螺旋DNA

在地球生物有机体中，各种化学成分在有机体内不是随机堆砌在一起

的，而是高度严整有序的物质形态结构。

地球生命的基本单位是：细胞(病毒、类病毒、朊病毒等暂且不论)。

地球生命细胞内的各个单元，都有特定的结构和功能。

生物大分子，不论有多复杂，都还不是生命有机体。只有生命大分子形成一定的结构,特别是形成细胞这样一个高度有序的物质形态结构系统，才能展现出各种各样的生命现象。

细胞形式的物质形态结构系统，一旦失去其高度的有序性，生命有机体也就不复存在。

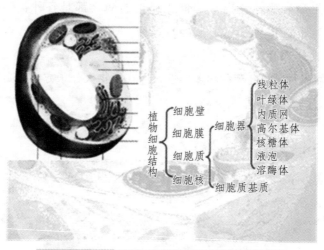

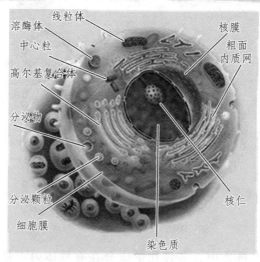

高级的地球生物，是多层次的有序结构。

其秩序是：细胞，组织，器官，系统，个体，种群，群落，生态系统，等等，一级比一级更高级的层次。

地球生命的每一个层次，其内在的各个结构单元，都有各自特定的物质形态结构和特有功能。这些物质形态结构的高度有序结合与各种各样功能的有序活动，构成了复杂的地球生命系统。

地球生命的生态系统，在无休无止地进行着新陈代谢活动。

地球生命有机体都是开放系统，生物有机体和周围环境不断进行着物质交换和能量交换，这就是地球生命的新陈代谢。

地球生命的新陈代谢，是高度有序的物质、能量的转化过程，是一系列蛋白酶促使的化学反应过程。

如果地球生命的新陈代谢过程的有序性遭到破坏，地球生命有机体的活动就会失序，甚至可以让地球生命有机体的生命特征消失。

生物有机体的新陈代谢，是地球生物体内全部有序化学变化的总称，其化学变化都是在酶的催化作用下进行的。

地球生命有机体内的新陈代谢包括：物质代谢、能量代谢。

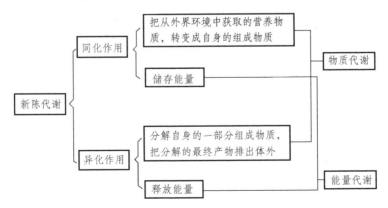

新陈代谢中的同化作用、异化作用、物质代谢和能量代谢之间的关系

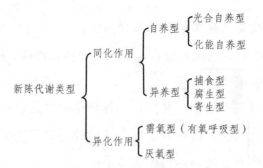

　　生物有机体的物质代谢是指：生物有机体与外界环境之间的物质交换、生物体内的物质转变过程。这可以细分为：生命有机体从外界摄取营养物质，并转变为自身物质的同化作用；生命有机体自身的部分物质被氧化分解，并排出代谢废物的异化作用。

　　生命有机体的能量代谢是指：生物有机体与外界环境之间的能量交换、生物体内的能量转变过程。这可细分为：生命有机体储存能量的同化作用、生命有机体释放能量的异化作用。

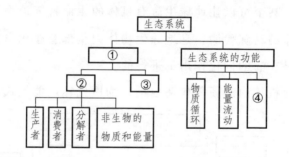

代谢类型 比较项目		自养型	异养型
区别	有机物来源	利用无机物合成	利用现成有机物
	所需能量	光能或氧化无机物释放的能量	利用有机物中储存的能量
常见生物		绿色植物、化能合成型细菌	人和动物、真菌、厌氧菌、肠道寄生虫
相同点		都能利用外界物质合成自身物质，储存能量	

在地球生命有机体的新陈代谢过程中，既有同化作用，又有异化作用。

地球生命有机体的同化作用，实际上就是合成代谢，是生物有机体把从外界环境中获取的营养物质转变成自身的组成物质，并且储存能量的变化过程。

地球生命有机体的异化作用，实际上就是分解代谢，是生物有机体把自身的一部分组成物质进行分解，释放出能量，并且把分解的终极产物排出体外的变化过程。

地球生命有机体新陈代谢中的同化作用和异化作用的功能，总的来说就是：

从周围物质环境中获得营养物质，将从外界摄入的营养物质转变为自身生命需要的结构元件（即，生命大分子的结构元件），将这些结构元件装配成自身的生命大分子的蛋白质、核酸、脂质、维生素等；同时分解生命有机体内的有机营养物质，提供生命自身活动所需的一切能量。

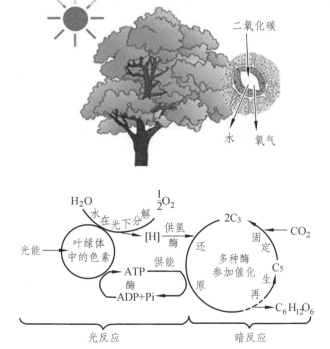

地球生命有机体在长期的进化过程中，不断地与地球环境发生相互作

用，在新陈代谢的方式上造就了不同的类型。

按照地球生命有机体的同化作用和异化作用方式的不同，新陈代谢可以分为自养型、异养型、兼性营养型。

地球上的绿色植物所进行的新陈代谢，就是自养型的。

绿色植物直接从自身外界环境摄取无机物、水，吸收阳光进行光合作用，把无机物制造成复杂的有机物，同时储存能量，来维持自身生命活动的进行，这样的新陈代谢类型属于自养型。

（1）光反应阶段，叶绿体类囊体薄膜，暗反应阶段，叶绿体基质。

（2）O_2，[H]，ATP，CO_2，（cH_2O）。

（3）$CO_2+C_5 \xrightarrow{\text{酶}} 2C_3+[H]+ATP \xrightarrow{\text{酶}} (CH_2O)+H_2O$ 或 C_5。

（4）利用光能，把 CO_2 和 H_2O 转变成糖类，释放氧气的过程。

地球上少数种类的细菌不进行光合作用，而利用自身体外环境中的一些无机物氧化时释放的能量制造有机物，依靠这些能量来维持自身的生命活动，这也是一种自养型的新陈代谢。如，地球上的硝化细菌，能够将土壤中的氨（NH3）转化成亚硝酸(HNO2) 和硝酸(HNO3)，释放能量，合成有机物。

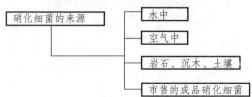

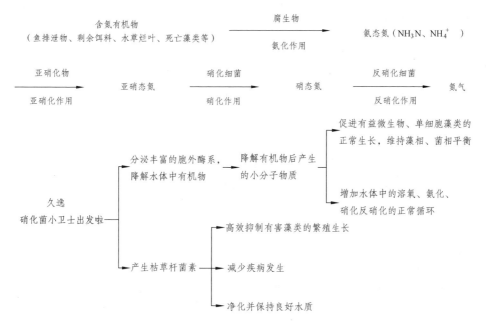

含氮有机物
（鱼排泄物、剩余饲料、水草烂叶、死亡藻类等）　　腐生物／氨化作用　　→　　氨态氮（NH_3N、NH_4^+）

亚硝化物　亚硝化作用　→　亚硝态氮　硝化细菌／硝化作用　→　硝态氮　反硝化细菌／反硝化作用　→　氮气

久逸 硝化菌小卫士出发啦
├ 分泌丰富的胞外酶系，降解水体中有机物 → 降解有机物后产生的小分子物质
│　├ 促进有益微生物、单细胞藻类的正常生长，维持藻相、菌相平衡
│　└ 增加水体中的溶氧、氨化、硝化反硝化的正常循环
└ 产生枯草杆菌素
　├ 高效抑制有害藻类的繁殖生长
　├ 减少疾病发生
　└ 净化并保持良好水质

地球生命有机体在同化作用过程中，**把从有机体外界环境中摄取的无机物，转变成为自身的结构组分，并且储存能量，这就是自养型的新陈代谢。**

我们的地球生物学，根据同化作用的方式，将地球生物分为自养生物和异养生物。

地球自养生物，利用无机物合成自身的有机物，如蓝藻、硝化细菌、绿色植物等。

地球异养生物，只能从有机体外界摄取现成有机物，如绝大多数动物、真菌等。

我们地球人和地球动物，不能进行光合作用，也不能进行化能合成作用，只能依靠摄取有机体外界环境中现成的有机物，来进行自身的生命活动，所以都是异养型的新陈代谢。

地球上的营腐生或寄生生活的真菌、大多数种类的细菌，是异养型的新陈代谢。

地球生命有机体中有些生物，如红螺菌，在没有有机物的条件下，能够利用光能固定二氧化碳并合成有机物，满足自己的生长发育需要；在有现成的有机物的时候，它们又会利用现成的有机物，来满足自己的生命的需要。这就是地球生命有机体的兼性营养型的新陈代谢。

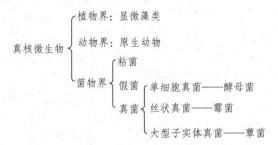

地球生命有机体的异化作用，就是呼吸作用。

地球生命有机体将来自地球环境的或细胞自己储存的有机营养物的分子（如糖类、脂类、蛋白质等）降解成较小的、简单的终产物（如二氧化碳、乳酸、乙醇等）。

分解代谢，是地球生命有机体异化作用的别称。

地球生命有机体将体内的生命大分子转化为小分子，释放出能量。

有氧呼吸，是地球生命有机体异化作用的重要方式。

地球生命有机体的异化作用的类型有：需氧型、厌氧型和兼性厌氧型。

根据地球生命有机体在异化作用过程中对氧的需求情况，地球生命有机体的新陈代谢的基本类型又可以分为：需氧型、厌氧型、兼性厌氧型。

地球上绝大多数的动物和植物，都需要生活在氧气充足的生态系统环境中。它们的异化作用，必须不断地从地球环境中摄取氧气，来氧化分解体内的有机物，释放能量。这种新陈代谢，就是需氧型，也是有氧呼吸型。

地球生命有机体中的乳酸菌、寄生在动物体内的寄生虫等少数动物，在缺氧的情况下，仍能够将自身机体内的有机物氧化，获得维持自身生命有机体活动所需要的能量。这种新陈代谢，就是厌氧型，也是无氧呼吸型。

地球生命有机体中有一类生物，在氧气充足的情况下进行有氧呼吸，彻底地把有机物分解为二氧化碳和水；在缺氧的情况下，把有机物不彻底地分解为乳酸或酒精、水。这种新陈代谢，就是兼性厌氧型，也是兼性厌氧呼吸型。地球生命有机体中最典型的兼性厌氧型生物，就是酵母菌。

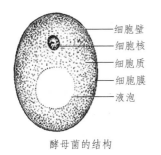

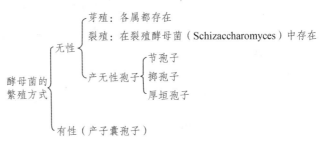

酵母菌的结构

酵母菌是单细胞真菌，通常分布在含糖量较高和偏酸性的环境中，如在蔬菜、水果的表面，或在菜园、果园的土壤中，都很常见。

酵母菌是兼性厌氧微生物，在有氧的情况下，将糖类物质分解成二氧化碳和水；在缺氧的情况下，将糖类物质分解成二氧化碳和酒精。

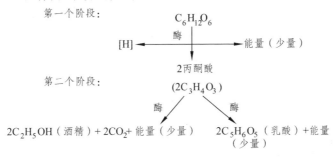

酵母菌在生产生活中应用十分广泛。在酿酒、发面、生产有机酸、提取多种酶等方面，酵母菌都是大有作用的。

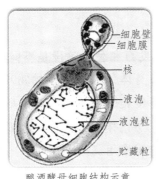

酿酒酵母细胞结构示意

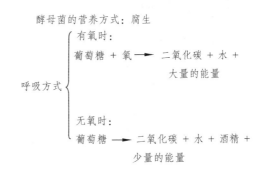

任何活着的地球生命有机体，一方面必须不断地摄入东西，不断地积

累能量；另一方面又必须不断地排泄废物，不断地消耗能量。

地球生命有机体内同外界不断进行的物质和能量交换的过程，就是生物的新陈代谢。

新陈代谢是地球生命有机体的普遍现象，是地球生命的最基本特征。

新陈代谢，由两个对立统一的过程组成：一个是同化作用的过程，另一个是异化作用的过程。同化作用与异化作用，是地球生命有机体的基本矛盾运动。

地球生命有机体摄入了外界的物质（食物）以后，一方面通过消化、吸收，把可利用的物质转化、合成自身的物质；另一方面又同时把食物转化过程中释放出的能量储存起来，这就是同化作用。

绿色植物利用光合作用，把从外界吸收进来的水和二氧化碳等物质转化成淀粉、纤维素等物质，并把能量储存起来，这也是同化作用。

异化作用，是在同化作用进行的同时，生物体自身的物质不断地分解变化，并把储存的能量释放出来，给生命活动提供能量，同时把不需要和不能利用的物质排出有机体外。

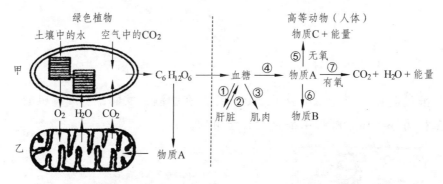

地球上各种生物有机体的新陈代谢，在生长、发育和衰老阶段是不同的。

比如人类，在幼婴儿期、青少年期，正在长身体，需要更多的物质建造自身的机体，新陈代谢旺盛，同化作用占主导位置。到了老年期、晚年期，人体机能日趋退化，新陈代谢就逐渐缓慢，同化作用与异化作用都会下降。人类患上消耗性疾病时，异化作用大于同化作用。

地球生命有机体的同化作用大于异化作用，生命有机体就会壮大；相反，地球生命有机体的同化作用小于异化作用，生命有机体就会耗散。

　　新陈代谢，是地球有机体不断进行自我更新的过程，是生物有机体与非生物的分界线。

　　如果新陈代谢没有了，生命有机体也就死亡了。

　　地球上的动植物和微生物，大部分由三类基本生物大分子所构成，它们是氨基酸、糖类和脂类（也就是脂肪）。

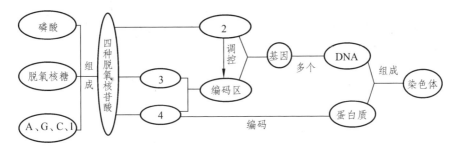

　　氨基酸、糖类和脂类等有机大分子，是维持地球生命有机体所必需的。

　　代谢和制造这些有机大分子，以用于构建生命有机体的细胞和组织，又在摄入食物后将食物中的这些有机大分子消化降解，以提供维持生命所需的能量，就成了地球生命有机体的日常工作了。

　　更多的重要的生物化学物质，可以聚合在一起，组成多聚体。如，DNA和蛋白质就是这样出现的。这些生命大分子，对于所有的地球生命有机体，都是不可缺少的组分。

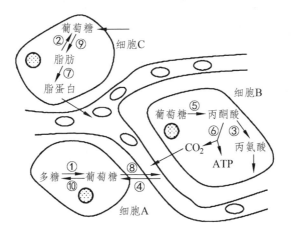

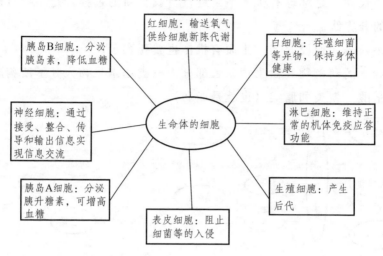

细胞的作用

- 红细胞：输送氧气供给细胞新陈代谢
- 白细胞：吞噬细菌等异物，保持身体健康
- 胰岛B细胞：分泌胰岛素，降低血糖
- 淋巴细胞：维持正常的机体免疫应答功能
- 神经细胞：通过接受、整合、传导和输出信息实现信息交流
- 生命体的细胞
- 胰岛A细胞：分泌胰升糖素，可增高血糖
- 生殖细胞：产生后代
- 表皮细胞：阻止细菌等的入侵

一些最常见的生物大分子

分子类型	单体形式的名称	多聚体形式的名称	多聚体形式的例子
氨基酸	蛋白质（或多肽）	纤维蛋白和球蛋白	
糖类	单糖	多糖	淀粉、糖原和纤维素
核酸	核苷酸	多聚核苷酸	DNA 和 RNA

蛋白质，由线性排列氨基酸组成。氨基酸之间，通过肽键相互连接。

酶，是最常见的蛋白质。酶，催化细胞代谢中的各类化学反应。

有的蛋白质，具有结构功能、机械功能，可参与形成生命有机体的细胞骨架，维持细胞形态这样的物质结构。有许多蛋白质，在细胞信号传导、免疫反应、细胞黏附、细胞周期调控中起重要作用。

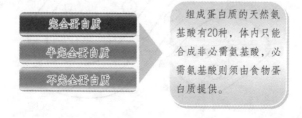

- 完全蛋白质
- 半完全蛋白质
- 不完全蛋白质

组成蛋白质的天然氨基酸有20种，体内只能合成非必需氨基酸，必需氨基酸则须由食物蛋白质提供。

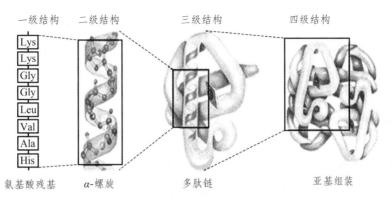

脂类，是类别最多的有机大分子。

脂类主要的结构用途是形成生物膜，如细胞膜。脂类也是生命有机体能量的重要来源。

脂类，通常是疏水性分子，也是两性生物分子，可溶于诸如苯或氯仿等有机溶剂中。

类固醇（如胆固醇），是另一类由细胞合成的主要的脂类分子。

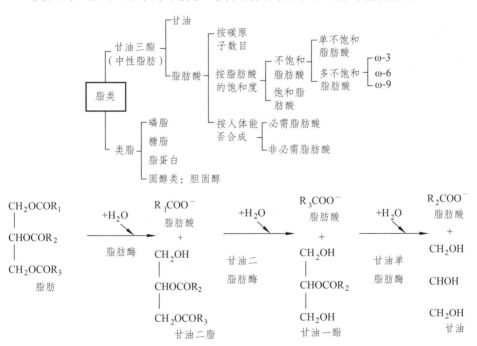

脂肪，由脂肪酸基团和甘油基团组成。

脂肪的结构，为一个甘油分子上以酯键，连接了三个脂肪酸分子，形成甘油三酯。

在此基本结构基础上，脂肪还存在有多种变型，包括不同大小长度的疏水骨架（如鞘脂类中的神经鞘氨醇基团）、不同类型的亲水基团（如磷脂中的磷酸盐基团）。

葡萄糖，以直线型或环形形式存在。

糖类，为多羟基的醛或酮，以直链或环的形式存在。

糖类，是含量最为丰富的有机大分子，具有多种功能：储存和运输能量（例如，淀粉、糖原），作为结构性组分（例如，植物中的纤维素、动物中的几丁质）。

糖类的基本组成单位为**单糖**，包括半乳糖、果糖、葡萄糖。

单糖，可以通过糖苷键，连接在一起形成多糖，连接的方式极为多样，造成了多糖种类的多样性。

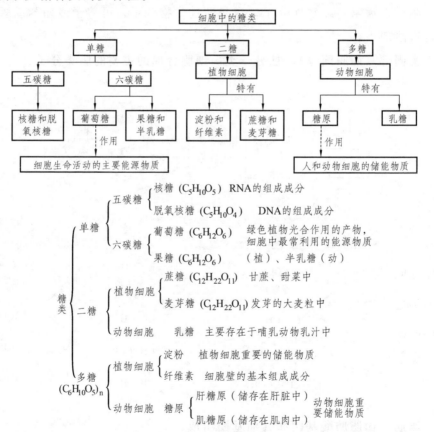

DNA 和 RNA，是主要的两类核酸，都是由核苷酸连接形成的直链分子。

核酸分子储存和利用遗传信息，通过转录和翻译，完成从遗传信息到蛋白质的过程。这些遗传信息，由 DNA 修复机制来进行保护，并通过 DNA 复制来进行扩增。

有的病毒（如 HIV）含有 RNA 基因组，可以利用逆转录来从病毒 RNA 合成 DNA 模板。

核酶（如剪切体和核糖体）中的 RNA，具有类似酶的特性，能够催化化学反应。

单个核苷酸，由一个核糖分子连接上一个碱基形成。

其中，碱基是含氮的杂环，可以被分为两类：嘌呤和嘧啶。

核苷酸，可以作为辅酶参与细胞代谢基团的转移反应。

细胞代谢中，有种类广泛的化学反应，大多数反应，都有功能性基团的转移。在这些反应中，细胞利用一系列小分子代谢中间物，在不同的反应之间携带、转移化学基团。这些基团转移的中间物，就是辅酶。每一类基团转移反应，都由一个特定的辅酶来执行。

辅酶，同时是合成它和消耗它的一系列酶的底物。这些辅酶不断地被生成、消耗，再被回收利用。

三磷酸腺苷（ATP），是地球生命有机体中最重要的辅酶之一，它是细胞中能量流通的普遍形式。ATP 在不同的化学反应之间传递化学能。

细胞中，只有少量的 ATP 存在，但它被不断地合成。

人体一天所消耗的 ATP 的量，积累起来，可以达到自身的体重。

ATP 是连接合成代谢和分解代谢的桥梁。分解代谢反应，生成 ATP；合成代谢反应，消耗 ATP。它可以作为磷酸基团的携带者，参与磷酸化反应。

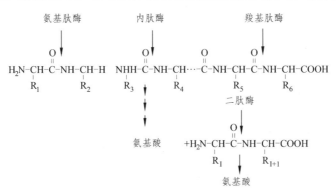

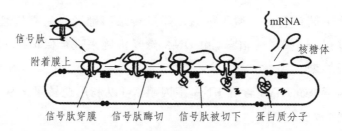

信号肽穿膜　信号肽酶切　信号肽被切下　蛋白质分子

维生素，是地球生命有机体所需的微量有机化合物，维生素可以在被修饰后，发挥辅酶的功能。细胞所有的水溶性维生素，都是被磷酸化或偶联到核苷酸上的。烟酰胺腺嘌呤二核苷酸（NAD，还原形式为 NADH），是维生素 B3（俗称烟酸）的衍生物，是重要的辅酶。

无机化学元素在细胞代谢中发挥着重要的作用。其中一些，在生命有机体内含量丰富，例如钠和钾；而另一些，则为微量元素。

大约 99% 的哺乳动物，质量主要为碳、氮、钙、钠、氯、钾、氢、磷、氧、硫等元素。绝大多数的碳和氮，存在于有机物（蛋白质、脂类和糖类）中。氢和氧，主要存在于水中。

含量丰富的无机化学元素，都是作为生命有机体电解质的离子。

地球生命有机体，体内最重要的离子是钠、钾、钙、镁等金属离子；氯离子、磷酸根离子，以及碳酸氢根离子。

在细胞膜的内外，维持准确的离子梯度，能够保持渗透压和 pH 值的稳定。

离子对于神经和肌肉组织，不可缺少。这些组织中的动作电位，可以引起神经信号和肌肉收缩，由细胞外液和细胞原生质之间的电解质交换产生。电解质进入和离开细胞，通过细胞膜上的离子通道蛋白来完成。

肌肉收缩，依赖位于细胞膜和横行小管（T-tubule）上的离子通道，对钙离子、钾离子和钠离子的流动，进行控制。

过渡金属在地球生命有机体体内，通常是作为微量元素存在的，其中锌和铁的含量最为丰富。这些金属元素，被一些蛋白质用作辅因子，或者对于酶活性的发挥具有关键作用。

细胞的分解代谢，也就是异化作用，是一系列裂解有机大分子的反应过程。

细胞的分解代谢，包括裂解和氧化食物分子。

分解代谢反应，为合成代谢反应提供所需的能量和反应物。

分解代谢的机制，在地球生命有机体中不尽相同。

有机营养菌分解有机分子来获得能量，无机营养菌利用无机物作为能量来源，光能利用菌吸收阳光并转化为可利用的化学能。所有这些代谢形式，都需要氧化还原反应的参与，反应主要是将电子从还原性的供体分子（如有机分子、水、氨、硫化氢、亚铁离子等）转移到受体分子（如氧气、硝酸盐、硫酸盐等）。

在动物中，这些反应还包括将复杂的有机分子分解为简单分子（如二氧化碳和水）。

在光合生物（如植物和蓝藻）中，这些电子转移反应并不释放能量，而是用作储存所吸收光能的一种方式。

动物中最普遍的分解代谢反应，可以被分为三个主要步骤：

大分子有机化合物，如蛋白质、多糖或脂类，被消化分解为小分子组分；

这些小分子被细胞摄入并被转化为更小的分子（通常为乙酰辅酶 A），释放出部分能量；

辅酶 A 上的乙酰基团，通过柠檬酸循环和电子传递链，被氧化为水和二氧化碳，释放出能量。这些能量，可以通过将烟酰胺腺嘌呤二核苷酸（NAD+）还原为 NADH，以化学能的形式被储存起来。

淀粉、蛋白质、纤维素等有机大分子多聚体，不能很快被细胞所吸收，需要先被分解为小分子单体，然后才能被用于细胞代谢。消化酶，能够降解这些多聚体。

蛋白酶，可以将蛋白质降解为多肽片断或氨基酸；糖苷水解酶，可以将多糖分解为单糖。

地球微生物，只是简单地分泌消化酶到周围环境中。

动物消化系统中的特定细胞，可以分泌消化酶，由这些位于细胞外的酶，分解获得的氨基酸或单糖，通过主动运输蛋白，运送到细胞内。

糖类的分解代谢，将糖链分解为更小的单位。糖链被分解为单糖后，就可以被细胞吸收。进入细胞内的糖，如葡萄糖和果糖，通过糖酵解途径被转化为丙酮酸盐，产生部分 ATP。

丙酮酸盐，是多个代谢途径的中间物，大部分被转化为乙酰辅酶 A，进入柠檬酸循环。柠檬酸循环能够产生 ATP 和 NAD，同时释放出二氧化碳。

在无氧情况下，糖酵解过程会生成乳酸盐，即由乳酸脱氢酶将丙酮酸盐转化为乳酸盐，同时将 NADH 又氧化为 NAD+，使得 NAD 可以被循环利用于糖酵解中。

另一条降解葡萄糖的途径，是磷酸戊糖途径，将辅酶烟酰胺腺嘌呤二核苷酸磷酸（NADP+）还原为 NADPH，并生成戊糖，如核糖（合成核苷酸的重要组分）。

脂肪，通过水解作用分解为脂肪酸和甘油。 甘油可以进入糖酵解途径，通过 β-氧化，被分解释放出乙酰辅酶 A，进入柠檬酸循环。脂肪酸同样通过氧化被分解，释放出比糖类更多的能量。

氨基酸，既可以被用于合成蛋白质或其他有机大分子，又可以被氧化为尿素和二氧化碳，以提供能量。

氨基酸氧化的第一步，由转氨酶将氨基酸上的氨基除去，氨基随后被送入尿素循环，留下的脱去氨基的碳骨架以酮酸的形式存在。有多种酮酸是柠檬酸循环的中间物。此外，生糖氨基酸，能够通过糖异生作用被转化为葡萄糖。

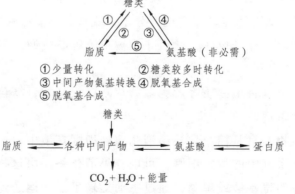

三大营养物质代谢的关系

①少量转化　　②糖类较多时转化
③中间产物氨基转换④脱氧基合成
⑤脱氧基合成

地球生命有机体的合成代谢，就是生命有机体的同化作用，是一系列合成型代谢进程，利用分解代谢所释放的能量，合成复杂分子。

地球生命有机体的细胞结构的复杂分子，都是从小且简单的前体一步一步地构建而来。

生命有机体合成代谢，包括三个基本阶段：

生成前体分子，例如：氨基酸、单糖、类异戊二烯和核苷酸；

利用 ATP 水解所提供的能量，这些分子被激活，形成活性形式；

这些活性分子被组装成复杂的分子，如蛋白质、多糖、脂类和核酸。

不同的地球生命有机体所需要合成的各类复杂分子也互不相同。

自养生物，如植物，可以在细胞中利用简单的小分子（如，二氧化碳和水），合成复杂的有机分子（如，多糖和蛋白质）。

异养生物，需要更复杂的物质来源（如，单糖、氨基酸），生产对应的复杂分子。

地球生命有机体，有获取光能的光能自养生物和光能异养生物，有从无机物氧化过程获得能量的化能自养生物和化能异养生物。

地球上的植物细胞，其周围有环绕为紫色的细胞壁，是忙碌的光合作用的"工厂"，这就是叶绿体（绿色）。

植物的光合作用，利用阳光、二氧化碳（CO_2）和水，合成糖类，释放出氧气。

光合反应中心所产生的 ATP 和 NADPH，将 CO_2 转化为 3-磷酸甘油酸，并继续将 3-磷酸甘油酸转化为生命有机体所需的葡萄糖，该过程也是碳固定。

地球生命有机体内糖类的合成代谢中，简单的有机酸被转化为单糖（如，葡萄糖），单糖再聚合在一起形成多糖（如淀粉）。从包括丙酮酸盐、乳酸盐、甘油、3-磷酸甘油酸和氨基酸在内的化合物，来生成葡萄糖，就是糖异生。

糖异生，将丙酮酸盐通过一系列的中间物，转化为葡萄糖-6-磷酸。

糖异生过程，不是简单的糖酵解过程的逆反应，其步骤是由不在糖酵解中发挥作用的酶来催化的，葡萄糖的合成和分解可以被分别调控，这两个途径不会进入无效循环。

脂肪，是普遍的储存能量的方式。

脊椎动物储存的脂肪酸，不能通过糖异生作用而被转化为葡萄糖。因为脊椎动物生命有机体，无法将乙酰辅酶 A 转变为丙酮酸盐。植物具有必要的酶，而脊椎动物是没有的。

长时间饥饿后，脊椎动物需要从脂肪酸制造酮体，来代替组织中的葡萄糖。大脑这样的生命组织，不能够代谢脂肪酸。

在植物和细菌中，乙醛酸循环可以跳过柠檬酸循环中的脱羧反应，使得乙酰辅酶A转化为草酰乙酸盐，用于葡萄糖的生产。

多糖和聚糖，通过逐步加入单糖来合成。加入单糖的过程，由糖基转移酶将糖基从一个活化的糖-磷酸供体上，转移到作为受体的羟基（位于延长中的多糖链）上。这些多糖，自身可以具有结构或代谢功能，也可以在寡糖链转移酶的作用下，被转接到脂类和蛋白质上。

脂肪酸合成，就是将乙酰辅酶A多聚化，并还原。

在动物和真菌这样的地球生命有机体中，所有的脂肪酸合成反应，由一个单一的多功能酶，Ⅰ型脂肪酸合成酶来完成。

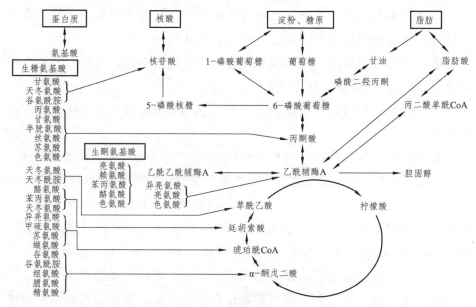

在植物质体和细菌这样的地球生命有机体中，多个不同的酶，分别催化每一个反应，这些酶统称为Ⅰ型脂肪酸合成酶。

萜烯和异戊二烯类化合物，包括类胡萝卜素在内，是脂类中的大家族，组成了植物天然化合物中最大的一类。这些化合物，以异戊二烯为单位，聚合和修饰而成。异戊二烯，由具反应活性的前体（异戊烯焦磷酸、二甲烯丙基焦磷酸）提供。这两个前体，可以在不同的途径中被合成。动物和古菌，从乙酰辅酶A生产这两个化合物。植物和细菌这样的地球生命有机体，利用丙酮酸和甘油醛-3-磷酸作为底物，生产这两个化合物。

类固醇的生物合成，是利用这些活化的异戊二烯供体的重要反应。

地球生命有机体之间，合成 20 种基本氨基酸的能力各不相同。

地球上大多数的细菌和植物，可以合成所有 20 种氨基酸，而哺乳动物只能合成 10 种非必需氨基酸。

包括人在内的哺乳动物，获取必需氨基酸的途径，只能是摄入富含这些氨基酸的食物。

所有氨基酸，都可以从糖酵解、柠檬酸循环或磷酸戊糖循环中的中间产物生成。

氨基酸通过肽键连接在一起，并进一步形成蛋白质。

每种不同的蛋白质，都对应着自己独特的氨基酸序列。

不同的氨基酸连接在一起，能够形成数量庞大的蛋白质种类。

　　氨基酸通过连接到对应转运 RNA（tRNA）分子上，形成氨酰 tRNA 而被激活，才被连接在一起。这种氨酰 tRNA 前体，通过 ATP 依赖的反应（将 tRNA 与正确的氨基酸相连接）合成，该反应由氨酰 tRNA 合成酶进行催化。然后，以信使 RNA 中的序列信息为指导，带有正确氨基酸的氨酰 tRNA 分子，就可以结合到核糖体的对应位置，在核糖体的作用下，将氨基酸连接到正在延长的蛋白质链上。

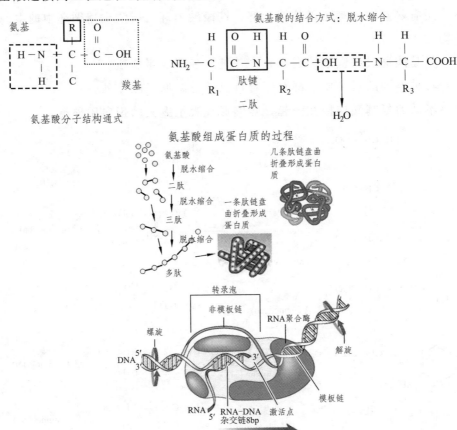

核苷酸，由氨基酸、二氧化碳以及甲酸合成。其合成途径需要消耗大量的代谢能量，地球上大多数的生物体内都有有效的系统来补救核苷酸。

　　嘌呤，是以核苷（即碱基连接上核糖）为基础合成的。

　　腺嘌呤和鸟嘌呤，由前体核苷分子肌苷单磷酸（即次黄苷酸）衍生而来。

次黄苷酸，由来自甘氨酸、谷氨酰胺以及从辅酶四氢叶酸盐上转移来的甲酸基合成。

嘧啶，由碱基乳清酸盐合成。

乳清酸盐，由谷氨酰胺转化而来。

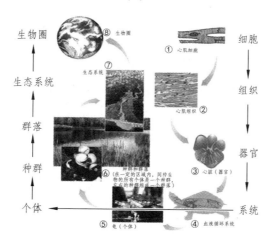

地球上的所有的生物有机体，如果持续摄入非食物类物质，却没有相应的代谢途径，这些物质就会在细胞中积累，这会对生命有机体造成危害。

存在于生命机体内可能造成损害的物质，就是异型生物质。

异型生物质主要是：合成药物、天然毒药和抗生素。

地球生命有机体内的异型生物质，可以在一系列异型生物质代谢酶的作用下被去毒化。

在地球上的生物有机体，遵守热力学定律。

热力学第二定律说：在任何封闭系统中，熵值总是趋向于增加。

地球生命有机体是开放系统，能够与周围环境进行物质和能量交换，处于不平衡之中，表现为耗散结构，来维持自身的高度复杂性，增加着周围环境的熵值。

地球生命有机体细胞中的代谢，通过将分解代谢的自发过程和合成代谢的非自发过程偶联，保持自身生命有机体的复杂性。

用热力学解释：生命有机体的代谢，实际上就是通过制造无序来保持有序。

生命有机体的外界环境不断变化，细胞代谢反应能够被精确地调控，保持细胞内各组分的稳定，维持生命有机体体内平衡。

细胞代谢在自身调节中，对底物或产物水平的变化做出反应。产物量降低，可以引起途径通量的增加，使产物量得到补偿，并调节途径中多个酶的活性。

多细胞生物有机体中，细胞接收到来自其他细胞的信号后，做出反应，来改变自己的代谢情况，这属于外部调控。

胰岛素与细胞表面的胰岛素受体结合，然后激活一系列蛋白激酶，摄入葡萄糖，转化为能量储存分子（脂肪酸和糖原）。

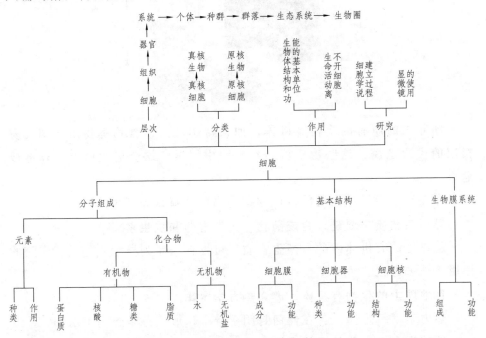

我们在科学上的新陈代谢的概念来自生物学，来自生命现象。所以，我们在这里略说了一点地球生命有机体的新陈代谢，说得很不全面。虽不全面，但是从上述来看，地球生命有机体的新陈代谢，是可以进行极其深入的研究的。

我们的重点，不是深入地研究生命有机体的新陈代谢，而是要讲新陈代谢的哲学视野。

参考资料

1.《生命本质辨析》，中国知网，2014-03-18。

2.《新陈代谢异化作用》，医学教育网，2017-06-21。

3. 杨荣武：《生物化学原理》，高等教育出版社，2006。

4.《生命》，汉典网，2014-03-18；汉典网，2014-08-12。

5.《黑格尔关于"生命"概念的创新》，中国知网，2014-03-18。

6.《恩格斯的生命观与分子生物学》，中国知网，2014-03-18。

7.《物理学家探求"生命奥秘"的浪漫举动》，中国知网，2014-03-18。

8.《论定义生命与生命意义》，中国知网，《医学与哲学（人文社会医学版）》，2014-03-18。

二、新陈代谢的哲学含义

哲学是逻辑严密的系统宇宙观，主要研究宇宙的性质、宇宙内万事万物演化的总规律、人在宇宙中的位置等基本问题。

所以，从哲学上谈新陈代谢，一定要考察这样一些问题：

宇宙的性质与新陈代谢；

宇宙内万事万物的演化与新陈代谢；

人在宇宙的新陈代谢；等等。

这些问题成立吗？笔者看来，应该是成立的。

哲学，源出希腊语 philosophia，意思是"热爱智慧"，是古代哲学家们所热衷的学问。

哲学，是社会意识形态之一，是关于世界观的学说，是自然知识和社会知识的高度概括和高度总结，有相当抽象的理论高度。所以，从哲学上讲新陈代谢，一定要从世界观的高度，从自然知识和社会知识的高度进行概括总结，也要有相当抽象的理论高度。但是，本书尽可能讲得通俗一些。

Φιλοσοφία/Philosophia（哲学），是两千多年前的古希腊人创造的概念。希腊文 Philosophia 由 philo 和 sophia 两部分构成，是动宾词组：

philein 是动词，说的是爱和追求；

sophia 是名词，说的是智慧。

希腊文 Philosophia 的意思，就是爱智慧，追求智慧。

爱智慧、追求智慧，这样的动宾词组，就是我们人类为了提高认识思维能力，为了更有智慧而进行的思想认识活动。据此，从哲学上讲新陈代谢，就是为了提高我们对新陈代谢的认识思维能力，为了更有智慧地对待新陈代谢，进行自己的思想认识活动。

最早使用 philosophia（爱智慧）和 philosophos（爱智者）这两个词语

的，是古希腊的哲学家毕达哥拉斯。

蓬托斯的赫拉克利特在《论无生物》中记载，当毕达哥拉斯在同西库翁或弗里阿西亚的僭主勒翁交谈时，第一次使用了 philosophia（爱智慧）这个词语，并且把自己称作 philosophos（爱智者）。

毕达哥拉斯说：在生活中，一些奴性的人，生来是名利的猎手，而 philosophos（爱智者）生来寻求真理。

毕达哥拉斯明确地把爱智者归到了自由人的行列，把自由和真理联系在了一起。所以，我们要向毕达哥拉斯那样，以爱智慧的精神，以爱智者的自觉，去从哲学上讲新陈代谢问题。

古希腊时期的自然派哲学家，是西方最早的哲学家。他们以理性辅佐证据的方式，归纳出自然界的道理。苏格拉底、柏拉图、亚里士多德，奠定了西方哲学的讨论范畴，提出了有关形而上学、知识论与伦理学的问题，直到今日的世界哲学理论，依然离不开这些问题。所以，数千年后的我们，依旧可以从他们所提出的形而上学、知识论与伦理学的角度，从哲学上讲新陈代谢的问题。

苏格拉底

柏拉图

亚里士多德

希腊三贤

古希腊的先哲
——师徒哲学家

苏格拉底　　柏拉图　　亚里士多德
前469年—前399年　前427年—前347年　前384年—前322年
　　　　　　《理想国》　《形而上学》

古代中国的《易经》，已经开始讨论哲学问题。

《易经》展示的角度，对我们从哲学上讲新陈代谢十分有益。

在中国，"哲"一词起源很早，历史相当久远。

在古代中国，如"孔门十哲""古圣先哲""哲""哲人"，专指那些善于思辨、学问精深的人。实际上这些人都是哲学家、思想家。在这里，我们可以站在哲学家、思想家的方位，从哲学上讲新陈代谢的问题。

中国哲学起源于东周时期，以孔子的儒家、老子的道家、墨子的墨家及晚期韩非子创立的法家为代表。这些哲学家、思想家思考问题的精神，完全可以用在我们从哲学上讲新陈代谢问题上。

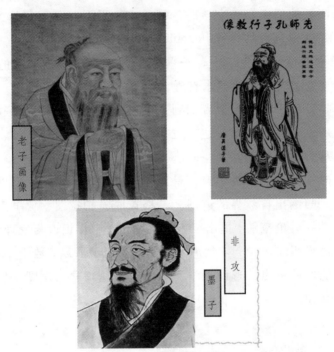

德国十八世纪著名浪漫派诗人、短命天才诺瓦利斯（1771—1801）对哲学的看法为：哲学是全部科学之母，哲学活动的本质原就是精神还乡，凡是怀着乡愁的冲动到处寻找精神家园的活动，皆可称之为哲学。我们从哲学上讲新陈代谢问题，就是"精神还乡"，"怀着乡愁的冲动到处寻找精神家园"。

黑格尔认为：哲学是一种特殊的思维运动，哲学是对绝对的追求。"哲学以绝对为对象，它是一种特殊的思维方式"（黑格尔《小逻辑》）。所以，我们从哲学上讲新陈代谢问题，有特殊的一面，又有一定的绝对性。

爱因斯坦对哲学有这么一种看法：如果把哲学理解为"在最普遍和最广泛的形式中对知识的追求"，那么，哲学显然就可以被认为是全部科学之母。据此，我们从哲学上讲新陈代谢问题，实际上就是"在最普遍和最广泛的形式中对知识的追求"，那么，**新陈代谢问题"显然就可以被认为是全部科学之母"**。

冯友兰在自己的《中国哲学简史》中，提出自己对哲学的看法："哲学就是对于人生的有系统的反思思想。"我们从哲学上讲新陈代谢问题，就是要从宇宙观、世界观、历史观、人生观等方面进行系统的反思。

胡适在自己的《中国哲学史大纲》中指出："凡研究人生且要的问题，从根本上着想，要寻求一个且要的解决"，这样的学问叫作哲学。我们从哲学上讲新陈代谢问题，就是要从宇宙观、世界观、历史观、人生观等方面寻求一些"且要的解决"的问题，做一点学问，讲一点哲学。

我们从哲学上讲新陈代谢问题，不是为创造概念的学术，是讲一些真问题。

我们从哲学上讲新陈代谢问题，所涉及的研究范围很广，所涉及的学科很多，我们将给出我们对世界本质的一些解释，在很大程度上影响和丰富着自己与读者的世界观。

我们从哲学上讲的新陈代谢问题，是与众多科学研究范畴相互关联的课题，涉及众多学科的最基本研究对象、概念和内容，对众多科学具有一般世界观和方法论的借鉴功能。

我们从哲学上讲新陈代谢问题，陈述问题的方法与具体科学是有差异的，但我们有概括性的、有条理的方法，我们以理性为基础进行考察。

我们从哲学上讲的新陈代谢问题，有广义的科学性，也涉及具体科学，探索范围是哲学与具体科学的交叉领域。

形而上的思考，是哲学发展的本质。

我们从哲学上讲新陈代谢问题，需要形而上的思考，但我们不能进行纯粹的形而上的思考，我们需要丰富的实例。

我们的形而上的思考，是为我们理解现实世界服务的。

在人类的原始社会中，人们对各种自然现象了解不深，各种自然现象自然地激起了人们对自然和自身的探索、认识。**原始社会是没有哲学的，但是有宗教的早期雏形，在这一时期，人类的哲学隐藏在宗教里面。**

	北京人	山顶洞人	河姆渡人	半坡人
距今年代	距今约70万~20万年	距今约30 000年	距今约7 000年	距今约6 000~5 000年
社会发展阶段	旧石器时代	旧石器时代	新石器时代	新石器时代
社会生产生活状况	使用旧石器，使用天然火，过群居生活	掌握了磨光和钻孔技术，制造骨针，会人工取火	原始农业(水稻)，手工业(黑陶)，定居生活	原始农业（粟），手工业（彩陶），定居生活

人类真正的哲学，产生于古代奴隶制时期，即产生于奴隶社会。

奴隶社会经济的发展，推动了人们认识能力的提高，借用抽象化的语言文字，人们开始思索世界的本质等理论问题，于是人类早期的哲学思想就出现了。

在古代奴隶社会，哲学研究的对象很是庞杂。 凡是能给人以智慧、使人聪明的各种问题，都成为了哲学的研究对象。古代奴隶社会时期的哲学研究对象，不可避免地包含了具体科学的对象，哲学和科学浑然一体。

其实，在笔者看来，哲学与科学浑然一体，是极好的哲学存在方式。我们从哲学上讲的新陈代谢问题，是要力求哲学与科学浑然一体的。

哲学与特殊科学的本质区别

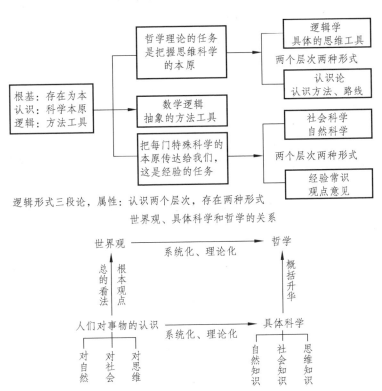

逻辑形式三段论，属性：认识两个层次，存在两种形式

世界观、具体科学和哲学的关系

资本主义社会产生了近代实证科学，各门具体科学获得了突飞猛进的发展，纷纷从哲学中独立出去，哲学研究对象缩小了，认识论和发展观的问题成为哲学研究的重点问题。

在当代，自然科学、社会科学、意识科学独立而迅速发展，哲学研究对象又发生了新的变化。现在的哲学，不再研究世界某一范围、领域的问题，而是研究整个世界一切事物、现象的共同本质和普遍的规律。世界的本源、物质和意识的关系、世界的基本状态等问题，都成了哲学研究的重点问题。

现在的哲学本身，只是展现思维的不同维度。

适应现在的哲学研究，我们从哲学上讲新陈代谢问题，要与"研究整个世界一切事物、现象的共同本质、普遍规律"统一起来。

我们从哲学上讲新陈代谢问题，要在整个实在世界里寻找真理，要揭示整个世界发展的一般规律，为人们认识世界、改造世界提供方法论的指导。

我们从哲学上讲新陈代谢问题，要尽可能地通过某一个特定领域，揭示某个特定领域的规律，为人们认识世界、改造世界提供具体方法的指导。

我们从哲学上讲新陈代谢问题，要坚持具体科学是哲学的基础，用具体科学的进步推动我们哲学视野的发展；同时，我们所探索的新的哲学视野，又能够为具体科学提供世界观和方法论的指导。

人类的哲学，是建立在物质基础上的学问，是人类研究自身世界的基本学科和手段。

人类的哲学的产生，不论哪一种哲学，都具有其必然性和合理性。今天，我们从哲学上讲新陈代谢问题，探索新陈代谢的哲学视野，也必然地要体现时代的必然性和合理性。

在过去物质匮乏的年代，人类哲学主要在政治探索型方面发展。

在春秋战国时期，中国的诸子百家们纷纷著书立说，努力寻求在乱世中的立国之本、生存之道、王霸之道。这样的哲学，是在人们的基本生活利益和国家进步利益得不到满足、阶级冲突尖锐、自身生存都无保障的情况下，被迫进行的改革探索。

在物质匮乏时期，哲学研究以政治和经济探索的方式思考现实世界，产生的往往是价值追求型的哲学。很显然，我们从哲学上讲新陈代谢问题，有一定的价值追求，但主要不是以政治和经济探索的方式思考我们的现实世界。

在今天人类生活相对富足的年代，人类普遍解决了基本的衣食住行问题，我们的思想世界也获得了极大的发展空间，我们人类思考的哲学范围就比较大，包括了诸多方面，形式也比较多样，自由度也极大地提高了。

现在的人们，在生活利益得到满足后，思维意识世界，也就是精神世界，得到了极大丰富，可以细致入微地观察世界与自身的关系，进入意识、精神、自然等多种学科领域。

今天，我们从哲学上讲新陈代谢问题，自然而然地就要细致入微地观察世界与自身的关系，进入意识、精神、自然等多种学科领域。

哲学根本问题，又称哲学的基本问题、哲学的最高问题，就是思维和存在、意识和物质的关系问题。恩格斯在 1886 年写的《路德维希·费尔巴哈和德国古典哲学的终结》一书中，第一次对这些问题作出了明确论述。其实，我们从哲学上讲新陈代谢问题，也是可以涉及思维与存在、物质与意识的关系问题的。

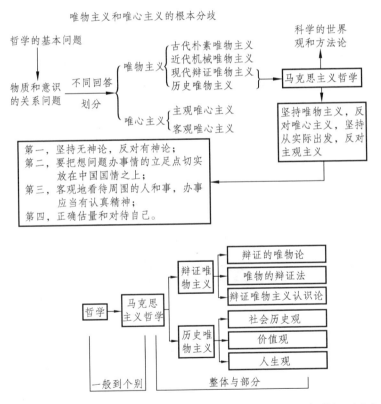

对于思维和存在、意识和物质何者为世界本原的问题，历来有两种根本不同的回答，由此在哲学上形成了唯心主义和唯物主义两大阵营、两个基本派别、两条对立的路线。

凡是认为意识是第一性，物质是第二性的，即意识决定物质的哲学派别，是唯心主义。

凡是认为物质是第一性，意识是第二性的，即物质决定意识的哲学派别，是唯物主义。

除了这两种根本对立的回答外，还有一种回答，认为物质和意识是两个独立的、互不依赖的本原，这样的哲学流派，属于二元论。

我们从哲学上讲新陈代谢问题，坚持唯物主义，没有二元论。

唯物主义
（物质是本原，
物质决定意识）
　古代朴素唯物主义：
　　把物质归结为具体物质形态，如水、火、气、土等
　近代形而上学唯物主义：
　　把物质归结为原子，机械性、形而上学性、唯心史观
　辩证唯物主义和历史唯物主义

唯心主义
（意识是本原，
意识决定物质）
　主观唯心主义：
　　人的主观精神是唯一的实在，是第一性的东西。如人
　　的目的、意志、感觉、心灵等
　客观唯心主义：
　　客观精神是世界的主宰和本源。如上帝、神、理念、
　　绝对精神等

甲　　乙

哲学基本问题的另一个方面，是思维和存在的同一性、统一性问题，就是世界可不可以被人类认识的问题。对这一方面的问题，绝大多数哲学家都做了肯定的回答。唯物主义和唯心主义对这个问题的解决，在原则上是各不相同的。

唯物主义是在承认物质世界及其规律的客观存在，承认思维是对存在的反映的基础上，承认世界是可以被人类认识的。

唯心主义则把客观世界看作思维、精神的产物，认为认识世界就是精

神的自我认识。

我们从哲学上讲新陈代谢问题，始终都坚持唯物主义认识论。

不可知论认为世界是不能被人认识或不能被完全认识，不存在同一性。

如下图：

形而上学，在不同的语境下意义是不同的。早期的形而上学，是指哲学中探究宇宙万物根本原理的那一部分学问。早期的形而上学的主要问题包括：世界的本原是什么、宇宙万物的生成和演化的问题、时间和空间的本质问题、自然界的规律法则、灵魂是否存在的问题、人与宇宙自然的关系问题、自由意志等。

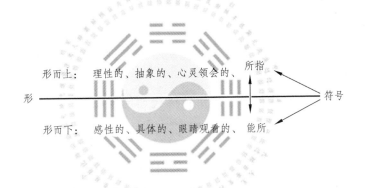

康德自然形而上学体系	本体论	理性自然学：理性心理学和理性生物学	理性宇宙论	理性神学
沃尔夫形而上学体系	本体论	理性心理学	理性宇宙论	理性神学
《纯粹理性批判》的相应部分	分析论	辩证论：纯粹理性的谬论推论	辩证论：纯粹理性的二律背反	辩证论：纯粹理性的理想

总而言之，各种各样的存在、虚无、宇宙、灵魂、自由意志等玄之又

玄的问题，都属于早期的、古老的形而上学的问题。

古希腊的先哲
——师徒哲学家

苏格拉底　柏拉图　亚里士多德
前469年—前399年　前427年—前347年　前384年—前322年
《理想国》　《形而上学》

"伽利略的铁球实验揭开了落体运动的秘密"

我们从哲学上讲新陈代谢问题，与早期的形而上学的问题有相关性。

形而上学的另一个方面，则是黑格尔开始使用、马克思也沿用的术语，是与辩证法对立的，指用孤立、静止、片面的观点观察和思考世界的思维方式。

我们从哲学上讲新陈代谢问题，一方面要坚持辩证法，一方面又要反对形而上学。

当然，也只有坚持和运用辩证法，我们才讲得开。

总之，按照上面这些去做，我们从哲学上讲新陈代谢问题，就算是体现了哲学精神。

那么，我们如何从哲学上来讲新陈代谢问题呢？

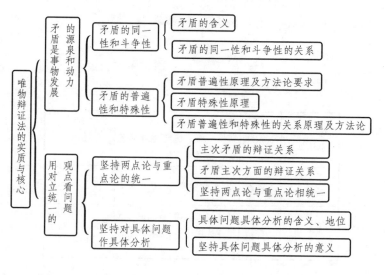

坚持唯物辩证法
反对形而上学

首先，根据唯物辩证法的对立统一规律的一分为二的要求，我们把新陈代谢分解为两类东西的斗争：新事物与旧事物的斗争。

我们的世界，为什么有新事物与旧事物的斗争呢？原因很简单，在于事物的运动。

我们的世界，是各种各样的事物构成的，它们的运动，一定会产生新事物。而新事物与旧事物是不同的，它们有矛盾，就会斗争。是运动必然地产生新事物，新事物也必然地与旧事物相斗争。

恩格斯在评价黑格尔关于事物发展是一个过程的思想时说，这是一个"伟大的基本思想"（《路德维希·费尔巴哈和德国古典哲学的终结》第 34 页）。

关于世界及其事物的发展是一个过程的思想，古希腊哲学家赫拉克利特早就提出来了。赫拉克利特是源头，黑格尔是流承。

关于世界及其事物的发展是一个过程的思想，是赫拉克利特对辩证法的杰出贡献，黑格尔继承和发展了这一思想，并给予赫拉克利特这一辩证法以极高的评价。

我们这个世界上的事物都在运动。

赫拉克利特有一句名言："人不能两次踏入同一条河流。"

这说的就是世界上事物的运动，形象而深刻。河水在不停地流动，当人第二次踏入这条河时，看到的已不是原来的水流，而是上游来的新水流；同时河流周边的事物与环境也发生了无数的运动与变化。

我们这个世界上的各种各样的事物，就像河流及其周遭一样，处于不停的运动之中，处于不断地产生新事物的变化之中。

赫拉克利特认为，我们的宇宙是一团永不熄灭的活火。

这团活火不断地毁灭世界万物，又不断地转化为世界的万物，而万物也不断地再变成火。

在赫拉克利特这里，世界万物是不断更新的，燃烧世界的活火，也是不断更新的。

在他的世界里，新火与旧火是不一样的，新事物与旧事物也是有差异的。总之，赫拉克利特的世界，总是会产生新的活火，会产生新的世界万物。

赫拉克利特认为，火是万物变化的始因。

世界上一切事物，都是在火的不断燃烧中交替发展变化的。

这个变化是一个对立统一的过程：由火生气，由气生水，由水生土；反过来，由土生水，水又生气，气又生火。

赫拉克利特

爱菲斯学派
• 公元前494年，米利都城在希波战争中被波斯军队焚毁，米利都学派因此中断。希腊民族在小亚细亚的殖民重镇逐渐移民至爱菲斯。
• 代表人物：赫拉克利特
• 世界是一团永恒的活火
• 一切皆流，无物常住
• 逻各斯
• 辩证法

赫拉克利特说，火这一转化过程表现为"上升的路"和"下降的路"。

按照公元前三世纪哲学家第欧根尼·拉尔修的解释，火凝缩变成液体，水凝缩变成土，这算是下降的路；反之，土融化变成水，从水中产生海的蒸汽，从蒸汽再变成水，这是上升的路。即火—气—水—土，是"下降的路"；土—水—气—火，是"上升的路"。

赫拉克利特又说："上升的路和下降的路是同一条路"，两条路是互相转化的。

黑格尔认为，赫拉克利特这一思想，充分体现了运动是一个对立统一过程的卓越思想。

"上升的路"是对立面的斗争，是分裂的路，分裂是对立面的建立，是事物的实现;"下降的路"是合一的路,是对立面的统一,是事物对对立物的扬弃,是在高级基础上的复归。

这两条路,正好体现了事物不断从分裂到统一,从统一再到分裂无限的发展变化的新陈代谢的过程。黑格尔对赫拉克利特这一辩证法思想尤为关注,评价极高。

黑格尔说,赫拉克利特"就是第一次说出了无限的性质的人,亦即第一次把自然了解为自身无限的,即把自然的本质了解为过程的人","了解自然,就是说把自然当作过程来阐明。这就是赫拉克利特的真理";"而火则是过程,因此他把火认作最初的本质。"(黑格尔《哲学史讲演录》第 1 卷,第 311、305 页)

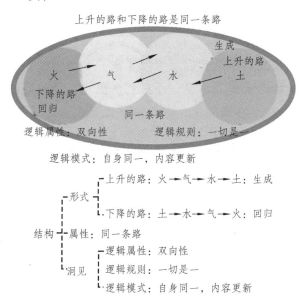

在赫拉克利特的哲学中,变化的思想占有重要的地位,他的哲学就是变的哲学,就是新事物、新世界不断更新的哲学。

赫拉克利特还形象地说:"太阳每天都是新的。"

赫拉克利特把存在的事物比作一条河,说人不能两次踏进同一条河。因为当人第二次进入这条河时,是新的水流,而不是原来的水流在流淌。人们看到的,是一条更新了水流和更新了环境的河流。人们应该善于发现两次看到的河流的现实变化。在这些变化中,新河流产生了,河流中的新东西出现了，河流的周遭环境更新了，并容纳了新的事物。

赫拉克利特用非常简洁的语言，概括了自己关于变化哲学的思想："**一切皆流，无物常住。**"是的，在赫拉克利特看来，我们的宇宙万物，没有什么是绝对静止的和不变化的，一切都在运动和变化，我们的世界总是在不断地产生新事物。

赫拉克利特强调运动变化，不否定事物的静止。无论是旧事物，还是新事物，都有确定的存在。在赫拉克利特的思想中，运动是绝对的（表现为新事物、新世界总是会不断地产生），静止是相对的（表现为现实世界的确定性、现实事物的确定存在）。

可是，赫拉克利特的学生克拉底鲁，进一步发展了变的哲学。

老师说：人不能两次踏进同一条河流。

学生说：连一次也不能。

实际上，克拉底鲁就这样完全否定了世界和事物的相对静止的存在。

赫拉克利特的活火运动，是一个过程的思想，是辩证法思想。

赫拉克利特说："在圆圈上，起点和终点是重合的。"世界由 10800 个太阳组成一个"人年"，每隔 10800 年世界要被火焚烧一次。焚烧一次，世界就重新开始一次。

赫拉克利特关于活火的圆圈运动思想，阐明了我们的世界及其事物无限运动变化、世界无始无终永恒更新的辩证法思想。

汤姆逊在《古代哲学家》一书中说：在赫拉克利特看来，"在这一循环的边缘上，开端和终结是相同的。每一个终结都是一个开端；因此既没有开端，又没有终结：世界是永恒的。"（《古代哲学家》，三联书店 1963 年版，第 314 页）

恩格斯评价赫拉克利特说："这个原始的、素朴的但实质上正确的世界观是古希腊哲学的世界观，而且是由赫拉克利特第一次明白地表述出来的：一切都存在，同时又不存在，因为一切都在流动，都在不断地变化，不断地产生和消失。"（《反杜林论》，第 18 页）

如果没有相对静止，我们的世界会变成什么样子呢？

如果没有相对静止，我们的世界不会有确定性质的事物，我们的整个世界将成为混沌一团。如果没有相对静止，我们既不能认识事物，也不能解说一个事物是什么，更不能认识我们的世界，当然也不会有我们自己。

我们说新世界，我们说新事物，我们说运动变化，是坚持唯物辩证法的，不能与克拉底鲁那样只讲变化，不讲相对静止。

我们说世界的运动、事物的变化，完全尊重世界和事物存在的确定性。我们不能把正确的辩证法，变成了相对主义的诡辩。

赫拉克利特的变化哲学的思想，原始又素朴，让我们明白：我们的世界存在的一切事物都在不断地流动、不断地变化，新事物不断地产生，旧事物不断地消灭，新陈代谢不可阻挡。

新事物的产生，旧事物的灭亡，源自事物的运动。

那么，在我们的世界，运动到底是怎么回事呢？

在自然界中，一切事物都在运动。因为宇宙本身在演化，所以，绝对静止的事物是不存在的。

在我们的世界中，最简单的是机械运动。

机械运动的形式多种多样：沿直线运动的，沿曲线运动的；在同一平面上运动的，不在同一平面上运动的；运动得快的，运动得慢的；等等。

在各种不同形式的机械运动中，匀速直线运动是最简单的机械运动。

匀速直线运动，是物体沿直线运动时，在相等时间内通过的路程都相等。

匀速直线运动，是最简单的机械运动，是人们研究其他复杂运动的基础。

做匀速直线运动的物体，在任意相同时间内通过的路程都相等，即路程与时间成正比，速度大小不随路程和时间变化。

物体沿直线运动,在相等时间内通过的路程不相等,就是变速直线运动。

做变速直线运动的物体，通过的路程除以所用的时间，是物体在这段时间内的平均速度。

平均速度，只能粗略地描述做变速直线运动物体的运动快慢。

求平均速度时，必须明确：是哪段时间或哪段路程内的平均速度。

机械运动是宇宙中最普遍的现象。运动是绝对的，静止是相对的。

物体之间，或同一物体各部分之间，相对位置随时间的变化，就是机械运动。

机械运动，是宇宙物质的各种运动形态中最简单、最普遍的一种。

例如，星系的移动、恒星的移动、地球的转动、粒子的移动等，都是机械运动。而宇宙中其他较复杂的运动形式，例如，热运动、化学运动、电磁运动、生命现象中都含有位置的变化，但不能把它们简单地归结为机械运动。

最重要的是，宇宙中最简单的运动，也就是机械运动，也会产生新事物。

让我们来看看，在我们的现实生活中，机械运动产生新事物的一些实例：

把一些花盆，机械地拼在一起，就会产生奇妙的图案，而图案就是新事物；

把一些零件，机械地拼在一起，就会产生神奇的机器，而机器就是新事物；

把一些学生，机械地拼在一起，就会产生不同的班级，而班级就是新事物；

把一些食材，机械地拼在一起，就会产生多样的菜品，而菜品就是新事物；

把一些家具，机械地拼在一起，就会产生美妙的客厅，而客厅就是新事物；

　　把一些植物，机械地拼在一起，就会产生美丽的园林，而园林就是新事物；

　　把一些舰船，机械地拼在一起，就会产生作战的舰队，而舰队就是新事物；

　　把一些建材，机械地拼在一起，就会产生居住的房屋，而房屋就是新事物；

现实生活中，机械运动产生或创造新事物的实例，实在太多。

在我们的世界中，凡是物质都在运动，凡是事物都在运动。

世界上的各种事物，都是物质运动的表现形式。

最简单的机械运动，都可以产生新事物，其他的运动就更能够产生新生事物。

根据人类科学现在已达到的认识水平，按照从低级到高级的发展顺序，物质运动分为机械运动、物理运动、化学运动、生物运动、社会运动五种基本形式。

我们可以确定地说：物理运动、化学运动、生物运动、社会运动，都会产生新事物。

我们在这里简单地说：

物理世界的一切，是物理运动造就的，而且仍将造就新的物理世界的新事物；

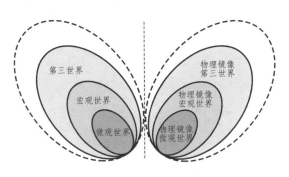

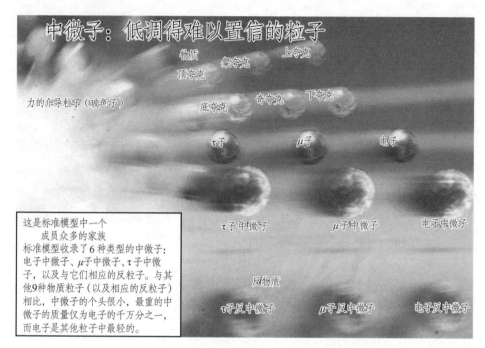

中微子：低调得难以置信的粒子

物质
顶夸克　　　粲夸克　　　上夸克
力的介导粒子（玻色子）
底夸克　　奇夸克　　下夸克
τ子　　　　μ子　　　　电子

τ子中微子　　　μ子中微子　　　电子中微子

反物质
τ子反中微子　　　μ子反中微子　　　电子反中微子

这是标准模型中一个
成员众多的家族
标准模型收录了6种类型的中微子：
电子中微子、μ子中微子、τ子中微
子，以及与它们相应的反粒子。与其
他9种物质粒子（以及相应的反粒子）
相比，中微子的个头很小，最重的中
微子的质量仅为电子的千万分之一，
而电子是其他粒子中最轻的。

化学世界的一切，是化学运动造就的，而且仍将造就新的化学世界的新事物；

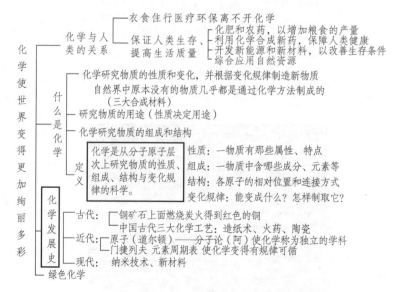

化学使世界变得更加绚丽多彩

化学与人类的关系
　衣食住行医疗环保离不开化学
　保证人类生存、提高生活质量
　　化肥和农药，以增加粮食的产量
　　利用化学合成新药，保障人类健康
　　开发新能源和新材料，以改善生存条件
　　综合应用自然资源

什么是化学
　化学研究物质的性质和变化，并根据变化规律制造新物质
　　自然界中原本没有的物质几乎都是通过化学方法制成的（三大合成材料）
　研究物质的用途（性质决定用途）
　化学研究物质的组成和结构

定义
化学是从分子原子层次上研究物质的性质、组成、结构与变化规律的科学。
　性质：一物质有那些属性、特点
　组成：一物质中含哪些成分、元素等
　结构：各原子的相对位置和连接方式
　变化规律：能变成什么？怎样制取它？

化学发展史
　古代：铜矿石上面燃烧炭火得到红色的铜
　　　　中国古代三大化学工艺：造纸术、火药、陶瓷
　近代：原子（道尔顿）→分子论（阿）使化学称为独立的学科
　　　　门捷列夫 元素周期表 使化学变得有规律可循
　现代：纳米技术、新材料
绿色化学

生物世界的一切，是生物运动造就的，而且仍将造就新的生物世界的新事物；

在群落中，植物起主导作用，动物、微生物随着植物的分布而分布，森林中具有植物群落的分层现象。

乔木层

灌木层

草本植物层

苔藓地衣层

如：在池塘生物群落中，既有浮萍等水生植物，也有鱼、虾、螺等水生动物，还有多种多样的微生物等。

人类社会的一切，是社会运动造就的，而且仍将造就新的人类社会的新事物。

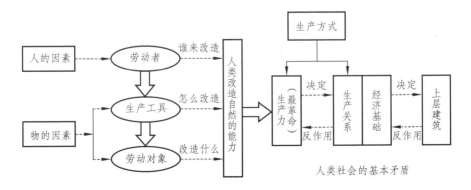

人类社会的基本矛盾

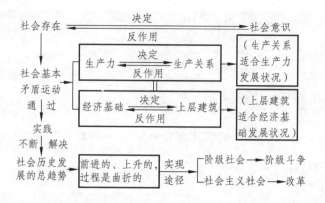

宇宙中充满了机械运动、物理运动，而我们的地球还遍布了化学运动、生物运动，我们的地球更有高级的社会运动。这些运动，让我们的世界不断地产生新事物，同时也让一些事物变成了旧事物。

在我们的世界上，新事物与旧事物的矛盾，往往导致新事物战胜和取代旧事物，于是我们的世界就会发展。

哲学上常说，发展的实质，就是新事物的产生和旧事物的灭亡。

发展是什么？新陈代谢而已。

发展，由新事物与旧事物的斗争造成：新事物战胜了旧事物；新事物取代了旧事物；新事物消灭了旧事物。

我们的世界，每一个进步变化的过程，是事物的不断更新，是新事物不断地产生和旧事物不断地灭亡。

发展，是一种连续不断的变化过程，既有量的变化，又有质的变化。

新事物为什么一定会战胜旧事物呢？

从哲学的角度讲，新事物是符合事物发展的客观规律和前进趋势、具有强大生命力和远大前途的事物；旧事物是违背事物发展的客观规律、丧失了存在的必然性而日趋灭亡的事物。

哲学意义上的新事物和旧事物，并不是以事物出现的时间早晚来界定的，而是以其是否符合世界与事物的历史发展的客观规律、是否具有强大的生命力和远大前途来进行区分的。

新事物与旧事物是相对的：凡是符合历史发展的必然趋势，具有强大生命力和光明前途的事物，就是新事物；反之就是旧事物。

新事物与旧事物的区分标准，不在于出现时间的先后、力量的强弱、形式新奇与否，而在于是否符合历史发展的必然趋势。

新事物产生之初，总是不完善的、弱小的，但在与旧事物的斗争中，最终会取得胜利。

新生事物不可战胜，是由事物发展的本质和新生事物的本性决定的。

新事物符合历史发展的必然趋势，新事物萌芽、产生于旧事物之中，对旧事物进行了"扬弃"，抛弃了旧事物中的消极的、过时的、腐朽的因素，吸取了旧事物中的积极的、合理的因素，并且形成了它自身的特点。

相对于旧事物，新事物更完善、更高级、更优越，具有更强的适应力。

因此，新生事物必然取代旧事物，这是不可避免的。

"新生事物是不可战胜的"，是很重要的一个哲学信念。

新事物相对于旧事物，还增添了一些为旧事物不能容纳的新东西，因而新事物在内容上比旧事物丰富，在形态上比旧事物高级，在结构上比旧事物合理，在功能上比旧事物强大，具有旧事物所不可比拟的优越性和强大的生命力。

新事物的产生和旧事物的灭亡，是不可抗拒的新陈代谢。新事物必然代替旧事物。

新事物战胜旧事物、新事物取代旧事物、新事物消灭旧事物，是新事物与旧事物矛盾斗争的结果。在这同时的新事物产生、旧事物灭亡，则是发展，更是事物的新陈代谢。

我们的结论是，我们这个世界的事物的运动、变化、发展，都在指向一个必然的现象和结局：新事物的产生和旧事物的灭亡，这就是新陈代谢。

所以，**新陈代谢的哲学含义，就是过程与发展。**

我们的世界，我们的宇宙，我们的地球，处于永恒的新陈代谢之中。

三、新陈代谢的哲学延伸

新陈代谢与哲学上的新事物、旧事物有关，这只是其与哲学很小的一个关联。实际上，新陈代谢与哲学是大大相关的，新陈代谢可以在哲学上大大延伸。

古今中外的哲学种类和哲学流派非常多，我们在这里只是稍微谈一谈。

在我们中华民族文化宝库中，讲变化最早、影响最广泛的文献是什么？是《易经》。

《易经》，是我们中华民族最早的哲学书籍。

自古至今，解读《易经》的人实在是太多了。

那么，《易经》主要讲的是什么呢？

《易经》主要讲的就是变化，就是新陈代谢。

现在，让我们把新陈代谢往《易经》里面延伸一下。

我们知道，《易经》是指《连山》《归藏》《周易》三本易书。其中《连山》《归藏》已失传，传世的只有《周易》一本。现在人们所讲的《易经》，就是《周易》。

从新陈代谢上来讲，《易经》是阐述关于变化之书，是关于新事物与旧事物相生相长的。

《易经》长期被人们用作"卜筮"，后来之人则多学习其中的哲理，因而《易经》就成为了一部博大精深的关于辩证法的哲学书籍。

在我们这里，《易经》就成了关于新事物与旧事物的变化的书籍。

"卜筮"，本来是对未来新事物的发展进行预测，而《易经》是总结新事物预测的规律理论的书。《易经》涵盖新事物与旧事物，纲纪群伦，是中华传统文化的杰出代表。

《易经》广大精微，力求讲述一切新事物与旧事物，是我们中华文明的源头活水。

《易经》的内容，涉及哲学、政治、生活、文学、艺术、科学等诸多领域，谈论各种各样的新事物与旧事物，是中华民族的群经之首，也是儒家、道家共同的经典。

《易经》有三部：夏代的易书《连山》、商代的易书《归藏》、周代的易书《周易》，并称"三易"。

东汉学者桓谭在《新论正经》中说："《连山》八万言，《归藏》四千三百言（秦朝精简本）。《连山》藏于兰台，《归藏》藏于太卜。"《连山》与《归藏》，魏晋后下落不明，也有可能被儒道吸收，作经或亡佚，已经成为中华文化领域里的千古之谜。

《周礼》上说："掌三易之法，一曰《连山易》，二曰《归藏易》，三曰《周易》，其经卦皆八，其别卦六十有四。"

在周朝的时候，《连山易》《归藏易》《周易》，皆由卜官掌控，对国家大事、军事战争、祭祀活动等将要发生的新事物，进行预测。

《周礼》记载：《连山》相传为伏羲氏或神农氏所创，成书于夏朝。

《连山》和《周易》《归藏》并称为占卜的三易之法。

《连山》以"艮卦"为首。

《周礼·春官·大卜》上说："掌三易之法，一曰连山，二曰归藏，三曰周易。"

郑玄在《周礼注》中说："名曰连山，似山出内气也。"

顾炎武在《日知录·三易》中说："连山，归藏非易也。而云易者，后人因易之名以名之也。"

相传，连山至汉初时，已失佚。

桓谭《新论》中说："山（连山）藏于兰台。"

北宋邵雍说："连山蓍用九十七策，以八为揲，正卦一〇一六，互卦一〇一六，变卦三二五〇一二，以数断不以辞断。其吉凶一定不可易。"（马国翰《玉函山房辑佚书》中收有《连山》一卷）

《归藏》是商代的《易经》，魏晋后已经失传。

《商易》以坤为首卦，故名为归藏。

《周礼·春官》上说："太卜掌三易之法，一曰连山，二曰归藏，三曰周易。其经卦皆八，其别皆六十有四。"《连山》《归藏》《周易》是三种不同的占筮方法，都由八个经卦重叠出的六十四个别卦组成。

相传，黄帝作《归藏易》，专讲新事物与旧事物的演化，有四千三百言。

宋代家铉翁说："归藏之书作于黄帝。而六十甲子与先天六十四卦并行者，乃中天归藏易也。"

《归藏》在汉朝已佚，在《汉书·艺文志》中也没有著录。

《隋书·经籍志》上说："《归藏》汉初已亡，晋《中经》有之，唯载卜筮，不似圣人之旨。"

明朝杨慎，以为汉代时《归藏》未失，"《连山》藏于兰台，《归藏》藏于太卜，见桓谭《新论正经》，则后汉时《连山》《归藏》犹存，未可以《艺文志》不列其目而疑之。"

清人朱彝尊说："《归藏》隋时尚存，至宋犹有《初经》《齐母》《本蓍》三篇，其见于传注所引者。"

1993 年 3 月，在湖北江陵王家台 15 号秦墓中，出土了《归藏》。这是王家台的秦简"归藏"，在学术界重启了研究《归藏》的热潮。

《周易》，相传系周文王姬昌所作，内容包括《经》和《传》两个部分。

《经》，主要是六十四卦和三百八十四爻，卦和爻各有说明（卦辞、爻辞），作占卜之用。

《周易》没有提出阴阳与太极等概念。讲阴阳与太极的，是《易传》。

《传》，包含解释卦辞和爻辞的七种文辞共十篇，统称《十翼》，相传为孔子所撰。

《周易》，是中国古代哲学书籍，是建立在阴阳二元论基础上，对新事物与旧事物运行规律加以论证和描述。

《周易》对于天地万物进行性状归类，天干地支五行论，甚至精确到可以对新事物与旧事物的未来发展做出较为准确的预测。

《周易》，有八卦：乾卦、坤卦、震卦、艮卦、离卦、坎卦、兑卦、巽卦。

《周易》和《易经》是从属关系，《易经》包含了《周易》。

南怀瑾先生说：《周易》，是周文王在坐牢的时候研究《易经》所作的结论。中华文化中的儒家文化、道家文化，都是从文王著作了这本《易经》以后，开始发展下来的。

中国诸子百家之说，都关注新事物与旧事物的变化，也都渊源于《周易》，都渊源于《易经》所画的几个卦。

《易传》是理解《易经》的经典著作。

《易经》一书包括《周易》本经和《易传》两部分。

《易传》是中国古代哲学的伦理著作，是战国时期解说和发挥《易经》的论文集。

《易传》本着自然主义的天道观，推衍人类社会的新事物与旧事物。这样的整体思维模式，始终都在讲述关于新事物与旧事物发展变化的辩证思想，大多都与阴阳家一致。

《系辞》，总论《易经》大义。

《系辞》，解释了卦爻辞的意义及卦象爻位，有取义说、取象说、爻位说。

《系辞》论述了揲蓍求卦，解释了《周易》筮法和卦画的产生和形成。

《系辞》认为：《周易》讲圣人之道，一察言，二观变，三制器，四筮占，目的是要会看新事物与旧事物的变化发展。

《周易》有忧患意识，有道德教训，讲君子之道。

我们读《易》，要于忧患中提高道德境界，特别要注意在新事物与旧事物的新陈代谢中"化凶为吉"。

《易传》认为："一阴一阳之谓道。"

没有阴阳对立，就没有《周易》。

奇偶二数、阴阳二爻、乾坤两卦、八经卦、六十四卦，都由一阴一阳构成。

《易传》把中国古代早已有之的阴阳观念，发展成为一个系统的世界观，用阴阳、乾坤、刚柔的对立统一来解释宇宙万物和人类社会的一切变化。

《易传》特别强调了宇宙变化生生不已的新陈代谢性质，说"天地之大德曰生""生生之谓易"。

《易传》提出"穷则变，变则通，通则久"，发挥"物极必反"的思想，强调"居安思危"的忧患意识。

《易传》认为"汤武革命，顺乎天而应乎人"，肯定变革的重要意义，主张自强不息，通过变革以完成功业。

《易传》以"保合太和"为最高的理想目标，重视和谐的思想。

《系辞》肯定"《易》与天地准"，以为《周易》及其筮法出于对自然现象的摹写，根源在于自然界；夸大《周易》筮法功能，认为易卦包罗万象，囊括了一切变化法则。说"《易》有太极，是生两仪，两仪生四象，四象生八卦，八卦定吉凶，吉凶生大业"，将以箸求卦的过程理论化，涵含宇宙生成论。

《易传》认为，宇宙自然界存在相反属性事物，相反事物的推摩作用是事物变化的普遍规律，六十四卦就是要讲这方面的规律，就是要讲宇宙中新事物与旧事物新陈代谢的规律。

我们可以这样说，《易传》让《周易》实现了从占筮之学转向变化哲学。

《周易》深奥简古，阅读起来十分困难。所以，解释经文的文字出现了，这就是《易传》。《易传》包括《彖传》《象传》《系辞传》《文言传》《说卦传》《序卦传》《杂卦传》。

《彖传》《象传》《系辞传》三篇各分上下，加上另外四篇合成"十翼"。

在这里，我们选择一部分来读一读：

《彖》曰：大哉乾元！万物资始，乃统天。云行雨施，品物流形。大明终始，六位时成，时乘六龙以御天。

乾道变化，各正性命，保合太和，乃利贞。首出庶物，万国咸宁。〔乾·彖传〕

《彖》曰：至哉坤元，万物资生，乃顺承天。坤厚载物，德合无疆。含弘光大，品物咸亨。牝马地类，行地无疆，柔顺利贞。君子攸行，先迷失道，后顺得常。西南得朋，乃与类行；东北丧朋，乃终有庆。安贞之吉，应地无疆。〔坤·彖传〕

《彖》曰：屯，刚柔始交而难生，动乎险中，大亨贞。雷雨之动满盈，天造草昧，宜建侯而不宁。〔彖传〕

《彖》曰：蒙，山下有险，险而止，蒙。蒙亨，以亨行时中也。匪我求童蒙，童蒙求我，志应也。初筮告，以刚中也。再三渎，渎则不告，渎蒙也。蒙以养正，圣功也。〔彖传〕

《彖》曰：需，须也，险在前也，刚健而不陷，其义不困穷矣。需有孚，光亨贞吉，位乎天位，以正中也。利涉大川，往有功也。〔彖传〕

《彖》曰：讼，上刚下险，险而健，讼。讼，有孚、窒、惕、中吉，刚来而得中也。终凶，讼不可成也。

利见大人，尚中正也。不利涉大川，入于渊也。〔彖传〕

《彖》曰：师，众也；贞，正也。能以众正，可以王矣。刚中而应，行险而顺，以此毒天下，而民从之，吉又何咎矣。〔彖传〕

《彖》曰：比，吉也；比，辅也。下顺从也。原筮，元永贞，无咎，以刚中也。不宁方来，上下应也。后夫凶，其道穷也。〔彖传〕

《彖》曰：小畜，柔得位而上下应之，曰小畜。健而巽，刚中而志行，乃亨。密云不雨，尚往也。自我西郊，施未行也。〔彖传〕

《彖》曰：履，柔履刚也。说而应乎乾，是以履虎尾，不咥人，亨。刚中正，履帝位而不疚，光明也。〔彖传〕

《彖》曰：泰，小往大来，吉，亨。则是天地交而万物通也，上下交而其志同也。内阳而外阴，内健而外顺，内君子而外小人，君子道长，小人道消也。〔彖传〕

《彖》曰：否之匪人，不利君子贞，大往小来。则是天地不交而万物不通也，上下不交而天下无邦也。内阴而外阳，内柔而外刚，内小人而外君子。小人道长，君子道消也。〔彖传〕

《彖》曰：同人，柔得位得中，而应乎乾，曰同人。同人曰「同人于野，亨。利涉大川。乾行也。文明以健，中正而应，君子正也。唯君子为能通天下之志。〔彖传〕

《彖》曰：大有，柔得尊位，大中而上下应之，曰大有。其德刚健而文明，应乎天而时行，是以元亨。〔彖传〕

《彖》曰：谦亨，天道下济而光明，地道卑而上行。天道亏盈而益谦，地道变盈而流谦，鬼神害盈而福谦，人道恶盈而好谦。谦尊而光，卑而不可逾，君子之终也。〔彖传〕

《彖》曰：豫，刚应而志行，顺以动，豫。豫顺以动，故天地如之，而况建侯行师乎？天地以顺动，故日月不过而四时不忒；圣人以顺动，则刑罚清而民服。豫之时义大矣哉。〔彖传〕

《彖》曰：随，刚来而下柔，动而说，随。大亨贞无咎，而天下随时。随时之义大矣哉。〔彖传〕

《彖》曰：蛊，刚上而柔下，巽而止，蛊。蛊元亨，而天下治也。利涉大川，往有事也。先甲三日，后甲三日，终则有始，天行也。〔彖传〕

《彖》曰：临，刚浸而长，说而顺，刚中而应，大亨以正，天之道也。至于八月有凶，消不久也。〔彖传〕

《彖》曰：大观在上，顺而巽，中正以观天下。观，盥而不荐，有孚颙若，下观而化也。观天之神道，而四时不忒；圣人以神道设教，而天下服矣。〔彖传〕

《彖》曰：颐中有物，曰噬嗑。噬嗑而亨，刚柔分，动而明，雷电合而章。柔得中而上行，虽不当位，利用狱也。〔彖传〕

《彖》曰：贲，亨，柔来而文刚，故亨；分刚上而文柔，故小利有攸往，天文也；文明以止，人文也。观乎天文，以察时变；观乎人文，以化成天下。〔彖传〕

《彖》曰：剥，剥也，柔变刚也。不利有攸往，小人长也。顺而止之，观象也。君子尚消息盈虚，天行也。〔彖传〕

《彖》曰：复亨，刚反，动而以顺行，是以出入无疾，朋来无咎。反复其道，七日来复，天行也。利有攸往，刚长也。复，其见天地之心乎？〔彖传〕

《彖》曰：无妄，刚自外来，而为主于内。动而健，刚中而应，大亨以正，天之命也。其匪正有眚，不利有攸往，无妄之往，何之矣？天命不佑，行矣哉？〔彖传〕

《彖》曰：大畜，刚健笃实辉光，日新其德，刚上而尚贤。能止健，大正也。不家食吉，养贤也。利涉大川，应乎天也。〔彖传〕

《彖》曰：颐贞吉，养正则吉也。观颐，观其所养也；自求口实，观其自养也。天地养万物，圣人养贤以及万民。颐之时大矣哉。〔彖传〕

《彖》曰：大过，大者过也。栋桡，本末弱也。刚过而中，巽而说行，

利有攸往，乃亨。大过之时大矣哉。〔彖传〕

《彖》曰：习坎，重险也。水流而不盈，行险而不失其信，维心亨，乃以刚中也。行有尚，往有功也。天险不可升也，地险山川丘陵也，王公设险以守其国。险之时用大矣哉。〔彖传〕

《彖》曰：离，丽也；日月丽乎天，百谷草木丽乎土，重明以丽乎正，乃化成天下。柔丽乎中正，故亨，是以畜牝牛吉也。〔彖传〕

咸，感也。柔上而刚下，二气感应以相与。止而说，男下女，是以亨利贞，取女吉也。天地感而万物化生，圣人感人心而天下和平。观其所感，而天地万物之情可见矣。

恒，久也。刚上而柔下，雷风相与，巽而动，刚柔皆应，恒。恒亨无咎利贞，久于其道也。天地之道，恒久而不已也。利有攸往，终则有始也。日月得天，而能久照。四时变化，而能久成。圣人久于其道，而天下化成。观其所恒，而天地万物之情可见矣。

遯亨，遯而亨也。刚当位而应，与时行也。小利贞，浸而长也。遯之时义大矣哉！

大壮，大者壮也。刚以动，故壮。大壮利贞，大者正也。正大，而天地之情可见矣。

晋，进也，明出地上，顺而丽乎大明，柔进而上行，是以康侯用锡马蕃庶，昼日三接也。

明入地中，明夷。内文明而外柔顺，以蒙大难，文王以之。利艰贞，晦其明也。内难而能正其志，箕子以之。

家人，女正位乎内，男正位乎外。男女正，天地之大义也。家人有严君焉，父母之谓也。父父、子子、兄兄、弟弟、夫夫、妇妇，而家道正。正家，而天下定矣。

睽，火动而上，泽动而下。二女同居，其志不同行。说而丽乎明，柔进而上行，得中而应乎刚，是以小事吉。天地睽而其事同也，男女睽而其志通也，万物睽而其事类也。睽之时用大矣哉！

蹇，难也，险在前也。见险而能止，知矣哉！蹇利西南，往得中也。不利东北，其道穷也。利见大人，往有功也。当位贞吉，以正邦也。蹇之时用大矣哉！

解，险以动，动而免乎险，解。解利西南，往得众也。其来复吉，乃得中也。有攸往夙吉，往有功也。天地解而雷雨作，雷雨作而百果草木皆甲坼。解之时大矣哉！

损，损下益上，其道上行。损而有孚，元吉无咎，可贞，利有攸往。曷之用二簋，可用享。二簋应有时，损刚益柔有时。损益盈虚，与时偕行。

益，损上益下，民说无疆。自上下下，其道大光。利有攸往，中正有庆。利涉大川，木道乃行。益动而巽，日进无疆。天施地生，其益无方。凡益之道，与时偕行。

夬，决也，刚决柔也。健而说，决而和。扬于王庭，柔乘五刚也。孚号有厉，其危乃光也。告自邑不利即戎，所尚乃穷也。利有攸往，刚长乃终也。

姤，遇也，柔遇刚也。勿用取女，不可与长也。天地相遇，品物咸章也。刚遇中正，天下大行也。姤之时义大矣哉！

萃，聚也。顺以说，刚中而应，故聚也。王假有庙，致孝享也。利见大人亨，聚以正也。用大牲吉，利有攸往，顺天命也。观其所聚，而天地万物之情可见矣。

柔以时升，巽而顺，刚中而应，是以大亨。用见大人勿恤，有庆也。南征吉，志行也。

困，刚揜也。险以说，困而不失其所亨，其唯君子乎！贞大人吉，以刚中也。有言不信，尚口乃穷也。

巽乎水而上水，井。井，养而不穷也。改邑不改井，乃以刚中也。汔至亦未繘井，未有功也。羸其瓶，是以凶也。

革，水火相息，二女同居，其志不相得，曰革。已日乃孚，革而信之。文明以说，大亨以正。革而当，其悔乃亡。天地革，而四时成。汤武革命，顺乎天而应乎人。革之时大矣哉！

鼎，象也。以木巽火，亨饪也。圣人亨以享上帝，而大亨以养圣贤。巽而耳目聪明，柔进而上行，得中而应乎刚，是以元亨。

震亨，震来虩虩，恐致福也。笑言哑哑，后有则也。震惊百里，惊远而惧迩也。[不丧匕鬯]，出可以守宗庙社稷，以为祭主也。

艮，止也。时止则止，时行则行，动静不失其时，其道光明。艮其止，止其所也。上下敌应，不相与也。是以不获其身，行其庭不见其人，无咎也。

渐，之进也，女归吉也。进得位，往有功也。进以正，可以正邦也。其位，刚得中也。止而巽，动不穷也。

归妹，天地之大义也。天地不交，而万物不兴。归妹，人之终始也。说以动，所归妹也。征凶，位不当也。无攸利，柔乘刚也。

丰，大也。明以动，故丰。王假之，尚大也。勿忧宜日中，宜照天下也。日中则昃，月盈则食，天地盈虚，与时消息，而况于人乎，况于鬼神乎？

旅，小亨，柔得中乎外，而顺乎刚，止而丽乎明，是以小亨旅贞吉也。旅之时义大矣哉！

重巽以申命，刚巽乎中正而志行。柔皆顺乎刚，是以小亨，利有攸往，利见大人。

兑，说也。刚中而柔外，说以利贞，是以顺乎天，而应乎人。说以先民，民忘其劳。说以犯难，民忘其死。兑之大，民劝矣哉！

涣亨，刚来而不穷，柔得位乎外，而上同。王假有庙，王乃在中也。利涉大川，乘木有功也。

节亨，刚柔分而刚得中。苦节不可贞，其道穷也。说以行险，当位以节，中正以通。天地节，而四时成。节以制度，不伤财，不害民。

中孚，柔在内而刚得中，说而巽，孚乃化邦也。豚鱼吉，信及豚鱼也。利涉大川，乘木舟虚也。中孚以利贞，乃应乎天也。

小过，小者过而亨也。过以利贞，与时行也。柔得中，是以小事吉也。刚失位而不中，是以不可大事也。有飞鸟之象焉，飞鸟遗之音，不宜上宜下大吉，上逆而下顺也。

既济亨，小者亨也。利贞，刚柔正而位当也。初吉，柔得中也。终止则乱，其道穷也。

未济亨，柔得中也。小狐汔济，未出中也。濡其尾，无攸利，不续终也。虽不当位，刚柔应也。

上面这些内容，与人们的生活密切相关，除了讲事物的性质外，更着重于讲事物的变化发展，基本都与新事物与旧事物的新陈代谢有关。

现在让我们来读一些《系辞传·上》的内容：

第一章

天尊地卑，乾坤定矣。卑高以陈，贵贱位矣。动静有常，刚柔断矣。方以类聚，物以群分，吉凶生矣。在天成象，在地成形，变化见矣。是故刚柔相摩，八卦相荡。鼓之以雷霆，润之以风雨。日月运行，一寒一暑。乾道成男，坤道成女。乾知大始，坤作成物。乾以易知，坤以简能。易则易知，简则易从。易知则有亲，易从则有功。有亲则可久，有功则可大。可久则贤人之德，可大则贤人之业。易简而天下之理得矣。天下之理得，而成位乎其中矣。

第二章

圣人设卦观象，系辞焉而明吉凶，刚柔相推而生变化。是故吉凶者，失得之象也；悔吝者，忧虞之象也；变化者，进退之象也；刚柔者，昼夜之象也；六爻之动，三极之道也。是故君子所居而安者，易之象也；所乐而玩者，爻之辞也。是故君子居则观其象而玩其辞，动则观其变而玩其占，是以自天佑之，吉无不利。

第三章

彖者，言乎象者也。爻者，言乎变者也。吉凶者，言乎其失得也。悔吝者，言乎其小疵也。无咎者，善补过也。是故列贵贱者存乎位，齐小大者存乎卦，辨吉凶者存乎辞，忧悔吝者存乎介，震无咎者存乎悔。是故卦有大小，辞有险易。辞也者，各指其所之。

第四章

易与天地准，是故能弥纶天地之道。仰以观于天文，俯以察于地理。是故知幽明之故，原始反终。故知死生之说，精气为物，游魂为变。是故知鬼神之情状，与天地相似，故不违；知周乎万物而道济天下，故不过；旁行而不流，乐天知命，故不忧；安土敦乎仁，故能爱。范围天地之化而不过，曲成万物而不遗，通乎昼夜之道而知，故神无方而易无体。

第五章

一阴一阳之谓道，继之者善也，成之者性也。仁者见之谓之仁，知者见之谓之知。百姓日用而不知，故君子之道鲜矣。显诸仁，藏诸用，鼓万物而不与圣人同忧，盛德大业至矣哉。富有之谓大业，日新之谓盛德，生生之谓易，成象之谓乾，效法之谓坤，极数知来之谓占，通变之谓事，阴阳不测之谓神。

第六章

夫易广矣大矣。以言乎远则不御，以言乎迩则静而正，以言乎天地之间则备矣。夫乾，其静也专，其动也直，是以大生焉。夫坤，其静也翕，其动也辟，是以广生焉。广大配天地，变通配四时，阴阳之义配日月，易简之善配至德。

第七章

子曰："易，其至矣乎！"夫易，圣人所以崇德而广业也。知崇礼卑。崇，效天；卑，法地。天地设位而易行乎其中矣！成性存存，道义之门。

第八章

圣人有以见天下之赜，而拟诸其形容，象其物宜，是故谓之象。圣人有以见天下之动，而观其会通，以行其典礼；系辞焉，以断其吉凶，是故谓之爻。言天下之至赜而不可恶也，言天下之至动而不可乱也。拟之而后言，议之而后动，拟议以成其变化。"鸣鹤在阴，其子和之。我有好爵，吾与尔靡之。"子曰："君子居其室，出其言善，则千里之外应之，况其迩者乎？居其室，出其言不善，则千里之外违之，况其迩者乎？言出乎身，加乎民；行发乎迩，见乎远。言行，君子之枢机。枢机之发，荣辱之主也。"言行，君子之所以动乎天地也。可不慎乎？"同人，先号啕而后笑。"子曰："君子之道，或出或处，或默或语。二人同心，其利断金。同心之言，其臭如兰。""初六，其用白茅。无咎。"子曰："苟错诸地而可矣。藉之用茅，何咎之有？慎之至也。"夫茅之为物薄而用可重也。慎斯术也以往，其无所失矣。"劳谦君子，有终。吉。"子曰："劳而不伐，有功而不德，厚之至也。语以其功下人者。德言盛，礼言恭。谦也者，致恭以存其位者也。""亢龙有悔。"子曰："贵而无位，高而无民，贤人在下位而无辅，是以动而有悔也。""不出户庭，无咎。"子曰："乱之所生也，则言语以为阶。君不密则失臣，臣不密则失身，机事不密则害成。是以君子慎密而不出也。"子曰：「作易者，其知盗乎！」易曰：「负且乘，致寇至。」负也者，小人之事也；乘也者，君子之器也。小人而乘君子之器，盗思夺之矣；上慢下暴，盗思伐之矣。慢藏诲盗，冶容诲淫。易曰：「负且乘，致寇至。」盗之招也。

第九章

天一，地二，天三，地四，天五，地六，天七，地八，天九，地十。天数五，地数五，五位相得而各有合。天数二十有五，地数三十。凡天地之数五十有五，此所以成变化而行鬼神也。大衍之数五十，其用四十有九，分而为二以象两，挂一以象三，揲之以四以象四时，归奇于扐以象闰；五岁再闰，故再扐而后挂。干之策，二百一十有六；坤之策，百四十有四，凡三百有六十，当其之日。二篇之策，万有一千五百二十，当万物之数也。是故四营而成易，十有八变而成卦，八卦而小成，引而伸之，触类而长之，天下之能事毕矣。显道神德行，是故可与酬酢，可与佑神矣。子曰："知变化之道者，知神之所为乎。"

第十章

易有圣人之道四焉：以言者尚其辞，以动者尚其变，以制器者尚其象，以卜筮者尚其占。是以君子将有为也，将有行也，问焉而以言，其受命也如向，无有远近幽深，遂知来物，非天下之至精，其孰能与于此？参伍以变，错综其数，通其变，遂成天下之文；极其数，遂定天下之象；非天下之至变，其孰与于此？易，无思也，无为也，寂然不动，感而遂通天下之故，非天下之至神，其孰能与于此？夫易，圣人之所以极深而研机也。唯深也，故能通天下之志；唯机也，故能成天下之务；唯神也，故不疾而速，不行而至。子曰：「易有圣人之道四焉」者，此之谓也！

第十一章

子曰：「夫易，何为者也？」夫易，开物成务，冒天下之道，如斯而已者也。是故圣人以通天下之志，以定天下之业，以断天下之疑。是故著之德圆而神，卦之德方以知，六爻之义易以贡。圣人以此洗心，退藏于密，吉凶与民同患。神以知来，知以藏往，其孰能与于此哉？古之聪明睿知、神武而不杀者夫！是以明于天之道而察于民之故，是兴神物以前民用。圣人以此斋戒，以神明其德夫！是故阖户谓之坤，辟户谓之干，阖一辟谓之变，往来不穷谓之通。见乃谓之象，形乃谓之器，制而用之谓之法，利用出入、民咸用之谓之神。是故易有太极，是生两仪，两仪生四象，四象生八卦，八卦生吉凶，吉凶生大业。是故法象莫大乎天地，变通莫大乎四时，悬象着明莫大乎日月，崇高莫大乎富贵。备物致用、立成器以为天下利，莫大乎圣人。探赜索隐、钩深致远，以定天下之吉凶、成天下之亹亹者，莫大乎著龟。是故天生神物，圣人则之；天地变化，圣人效之；天垂象见吉凶，圣人象之；河出图，洛出书，圣人则之。易有四象，所以示也；系辞焉，所以告也；定之以吉凶，所以断也。

第十二章

易曰：「自天佑之，吉无不利。」子曰：「佑者助也。天之所助者顺也，人之所助者信也；履行思乎顺，又以尚贤也。是以自天佑之，吉无不利也。」子曰：「书不尽言，言不尽意。」然则圣人之意，其不可见乎？子曰：「圣人立象以尽意，设卦以尽情伪，系辞焉以尽其言，变而通之以尽利，鼓之舞之以尽神。」乾坤其易之蕴耶？乾坤成列而易立乎其中矣！乾坤毁则无以见易。易不可见，则乾坤或几乎息矣！是故形而上者谓之道，形而下者谓之器，化而裁之谓之变，推而行之谓之通，举而措之天下之民谓之事业。是故夫象，圣人有以见天下之赜、而拟诸其形容，象其物宜，是故谓之象。圣人有以见天下之动，而观其会通，以行其典礼。系辞焉，以断其吉凶，是故谓之爻。极天下之赜者存乎卦，鼓天下之动者存乎辞，化而裁之存乎变，推而行之存乎通，神而明之存乎其人。默而成之，不言而信，存乎德行。

上面这些内容，着重点讲我们这个世界中的事物的变化发展，讲的都是新事物与旧事物的新陈代谢。

让我们再来读一些《系辞传·下》的内容：

第一章

八卦成列，象在其中矣。因而重之，爻在其中矣。刚柔相推，变在其中矣。系辞焉而命之，动在其中矣。吉凶悔吝者，生乎动者也。刚柔者，立本者也。变通者，趣时者也。吉凶者，贞胜者也。天地之道，贞观者也。日月之道，贞明者也。天地之动，贞夫一者也。夫干，确然示人易矣。夫坤，魋（？）隤然示人简矣。爻也者，效此者也。象也者，像此者也。爻象动乎内，吉凶见乎外，功业见乎变，圣人之情见乎辞。天地之大德曰生，圣人之大宝曰位，何以守位曰仁，何以聚人曰财，理财正辞禁民为非曰义。

第二章

古者包羲氏之王天下也，仰则观象于天，俯则观法于地，观鸟兽之文与地之宜。近取诸身。远取诸物，于是使作八卦，以通神明之德，以类万物之情。作结绳而为罔罟，以佃以渔，盖取诸离。包羲氏没，神农氏作，斲木为耜，揉木为耒，耒耨之利以教天下，盖取诸益。日中为市，致天下之民，聚天下之货，交易而退，各得其所，盖取诸噬嗑。神农氏没，黄帝尧舜氏作，通其变使民不倦，神而化之使民宜之。易穷则变，变则通，通则久。是以自天佑之，吉无不利。黄帝尧舜垂衣裳而天下治，盖取诸乾、坤。刳木为舟，剡木为楫，舟楫之利以济不通，致远以利天下，盖取诸涣。服牛乘马，引重致远以利天下，盖取诸随。重门击柝以待暴客，盖取诸豫。断木为杵，掘地为臼，臼杵之利万民以济，盖取诸小过。弦木为弧，剡木为矢，弧矢之利以威天下，盖取诸睽。上古穴居而野处，后世圣人易之以宫室，上栋下宇以待风雨，盖取诸大壮。古之葬者，厚衣之以薪，葬之中野，不封不树，丧期无数；后世圣人易之以棺椁，盖取诸大过。上古结绳而治，后世圣人易之以书契，百官以治，万民以察，盖取诸夬。

第三章

是故易者象也；象也者，像也。彖者，财也。爻也者，效天下之动者也。是故吉凶生而悔吝着也。

第四章

阳卦多阴，阴卦多阳。其故何也？阳卦奇，阴卦耦。其德行何也？阳一君而二民，君子之道也；阴二君而一民，小人之道也。

第五章

易曰：「憧憧往来，朋从尔思。」子曰：「天下何思何虑？」天下同归而殊涂，一致而百虑。天下何思何虑？日往则月来，月往则日来，日月相推而明生焉。寒往则暑来，暑往则寒来，寒暑相推而岁成焉。往者屈也，来者信也，屈信相感而利生焉。尺蠖之屈，以求信也。龙蛇之蛰，以存身也。精义入神，以致用也。利用安身，以崇德也。过此以往，未之或知也。穷神知化，德之圣也。易曰：「困于石，据于蒺藜。入于其宫，不见其妻。凶。」子曰：「非所困而困焉，名必辱。非所据而据焉，身必危。既辱且危，死期将至。妻其可得见耶？」易曰：「公用射隼于高墉之上，获之无不利。」子曰：「隼者，禽也。弓矢者，器也。射之者，人也。君子藏器于身，待时而动，何不利之有？动而不括，是以出而有获，语成器而动者也。」子曰：

「小人不耻不仁，不畏不义，不见利不劝，不威不惩。小惩而大诫，此小人之福也。」易曰：「屦校灭趾，无咎。」此之谓也。善不积不足以成名，恶不积不足以灭身。小人以小善为无益而弗为也，以小恶为无伤而弗去也；故恶积而不可掩，罪大而不可解。易曰：「何校灭耳，凶。」子曰：「危者，安其位者也。亡者，保其存者也。乱者，有其治者也。是故君子安而不忘亡，治而不忘乱，是以身安而国家可保也。」易曰：「其亡其亡，系于苞桑。」子曰：「德薄而位尊，知小而谋大，力小而任重，鲜不及矣。」易曰：「鼎折足，覆公𫗧，其形渥。凶。」言不胜其用也。子曰：「知几，其神乎！」君子上交不谄，下交不渎，其知几乎！几者，动之微，吉凶之先见者也。君子见几而作，不俟终日。易曰：「介于石，不终日。贞吉。」介如石焉，宁用终日，断可识矣。君子知微知彰，知柔知刚，万夫之望。子曰：「颜氏之子，其殆庶几乎！有不善未尝不知，知之未尝复行也。」易曰：「不远复，无祗悔。元吉。」天地絪缊，万物化醇；男女构精，万物化生。易曰：「三人行，则损一人；一人行，则得其友。」言致一也。子曰：「君子安其身而后动，易其心而后语，定其交而后求。君子修此三者故全也。危以动，则民不与也。惧以语，则民不应也。无交而求，则民不与也。莫之与，则伤之者至矣。」易曰：「莫益之，或击之，立心勿恒。凶。」

第六章

子曰："乾坤，其易之门耶！"乾，阳物也；坤，阴物也。阴阳合德而刚柔有体，以体天地之撰，以通神明之德。其称名也，杂而不越。于稽其类，其衰世之意邪！夫易，彰往而察来而微显阐幽，开而当名辨物，正言断辞，则备矣。其称名也小，其取类也大。其旨远，其辞文。其言曲而中，其事肆而隐。因贰以济民行，以明失得之报。

第七章

易之兴也，其于中古乎？作易者，其有忧患乎？是故履，德之基也；谦，德之柄也；复，德之本也；恒，德之固也；损，德之修也；益，德之裕也；困，德之辨也；井，德之地也；巽，德之制也。履和而至，谦尊而光，复小而辨于物，恒杂而不厌，损先难而后易，益长裕而不设，困穷而通，井居其所而迁，巽称而隐。履以和行，谦以制澧，复以自知，恒以一德，损以远害，益以兴利，困以寡怨，井以辨义，巽以行权。

第八章

易之为书也不可远，为道也屡迁，变动不居，周流六虚，上下无常，刚柔相易，不可为典要，唯变所适。其出入以度，外内使知惧。又明于忧患与故，无有师保，如临父母。初率其辞而揆其方，既有典常，苟非其人，道不虚行。

第九章

易之为书也，原始要终以为质也。六爻相杂，唯其时物也。其初难知，其上易知，本末也。初辞拟之，卒成之终。若夫杂物撰德，辨是与非，则非其中爻不备。噫！亦要存亡吉凶，则居可知也。知者观其象辞，则思过半矣。二与四，同功而异位；其善不同：二多誉，四多惧，近也。柔之为道不利远者，其要无咎，其用柔中也。三与五，同功而异位；三多凶，五多功，贵贱之等也。其柔危，其刚胜邪？

第十章

易之为书也，广大悉备，有天道焉，有人道焉，有地道焉。兼三才而两之，故六。六者非它也，三才之道也。道有变动，故曰爻。爻有等，故曰物。物相杂，故曰文。文不当，故吉凶生焉。

第十一章

易之兴也，其当殷之末世，周之盛德邪？当文王与纣之事邪？是故其辞危。危者使平，易者使倾，其道甚大，百物不废，惧以终始，其要无咎，此之谓易之道也。

第十二章

夫乾，天下之至健也，德行恒易以知险。夫坤，天下之至顺也，德行恒简以知阻。能说诸心，能研诸侯之虑，定天下之吉凶，成天下之亹亹者。是故变化云为，吉事有祥。象事知器，占往知来。天地设位，圣人成能，人谋鬼谋，百姓与能。八卦以象告，爻象以情言，刚柔杂居而吉凶可见矣。变动以利言，吉凶以情迁，是故爱恶相攻而吉凶生，远近相取而悔吝生，情伪相感而利害生。凡易之情，近而不相得，则凶或害之，悔且吝。将叛者其辞惭，中心疑者其辞枝；吉人之辞寡，躁人之辞多，诬善之人其辞游，失其守者其辞屈。

上面这些内容，讲的是我们这个世界中的天、地、人的变化发展，讲的都是天、地、人的新事物与旧事物的新陈代谢。

让我们来读一些《说卦传》的内容：

第一章： 昔者圣人之作《易》也，幽赞于神明而生著[shī]，参天两地而倚数，观变于阴阳而立卦，发挥于刚柔而生爻，和顺于道德而理于义。穷理尽性以至于命。

第二章： 昔者圣人之作《易》也，将以顺性命之理。是以立天之道，曰阴与阳；立地之道，曰柔与刚；立人之道，曰仁与义。兼三才而两之，故《易》六画而成卦。分阴分阳，迭用柔刚，故《易》六位而成章。

第三章： 天地定位，山泽通气，雷风相薄，水火不相射。八卦相错。数往者顺，知来者逆，是故《易》逆数也。

第四章： 雷以动之，风以散之，雨以润之，日以暄[xuān]之，艮以止之，兑以说之，乾以君之，坤以藏之。

第五章： 帝出乎震，齐乎巽，相见乎离，致役乎坤，说言乎兑，战乎乾，劳乎坎，成言乎艮。

万物出乎震，震东方也。

齐乎巽，巽东南也；齐也者，言万物之絜[jié]齐也。

离也者，明也，万物皆相见，南方之卦也。圣人南面而听天下，向明而治，盖取诸此也。

坤也者，地也。万物皆致养焉，故曰：致役乎坤。兑，正秋也，万物之所说也，故曰：说言乎兑。

战乎乾，乾西北之卦也，言阴阳相薄也。

坎者，水也，正北方之卦也，劳卦也，万物之所归也，故曰：劳乎坎。

艮，东北之卦也。万物之所成终而成始也，故曰：成言乎艮。

第六章： 神也者，妙万物而为言者也。动万物者，莫疾乎雷。挠万物者，莫疾乎风。躁万物者，莫熯[hàn]乎火。说万物者，莫说乎泽。润万物者，莫润乎水。终万物始万物者，莫盛乎艮。故水火相逮，雷风不相悖。山泽通气，然后能变化。既成万物也。

第七章： 乾，健也。坤，顺也。震，动也。巽，入也。坎，陷也。离，丽也。艮，止也。兑，说也。

第八章： 乾为马，坤为牛，震为龙，巽为鸡，坎为豕[shǐ]，离为雉

[zhì]，艮为狗，兑为羊。

第九章：乾为首，坤为腹，震为足，巽为股，坎为耳，离为目，艮为手，兑为口。

第十章：乾，天也，故称乎父。坤，地也，故称乎母。

震一索而得男，故谓之长男。巽一索而得女，故谓之长女。

坎再索而得男，故谓之中男。离再索而得女，故谓之中女。

艮三索而得男，故谓之少男。兑三索而得女，故谓之少女。

第十一章：乾为天，为圆，为君，为父，为玉，为金，为寒，为冰，为大赤，为良马，为老马，为瘠[jí]马，为驳马，为木果。

坤为地，为母，为布，为釜，为吝啬，为均，为子母牛，为大舆，为文，为众，为柄。其于地也为黑。

震为雷，为龙，为玄黄，为旉[máng]，为大途，为长子，为决躁，为苍筤[láng]竹，为萑[huán]苇。其于马也，为善鸣，为馵[zhù]足，为作足，为的颡[sǎng]。其于稼也，为反生。其究为健，为蕃鲜。

巽为木，为风，为长女，为绳直，为工，为白，为长，为高，为进退，为不果，为臭[xiù]。其于人也，为寡发，为广颡，为多白眼，为近利市三倍，其究为躁卦。

坎为水，为沟渎，为隐伏，为矫輮[róu]，为弓轮。其于人也，为加忧，为心病，为耳痛，为血卦，为赤。其于马也，为美脊，为亟[jí]心，为下首，为薄蹄，为曳[yè]。其于舆也，为多眚[shěng]，为通，为月，为盗。其于木也，为坚多心。

离为火，为日，为电，为中女，为甲胄[zhòu]，为戈兵。其于人也，为大腹。为干卦，为鳖，为蟹，为蠃[luǒ]，为蚌，为龟。其于木也，为科上槁[gǎo]。

艮为山，为径路，为小石，为门阙，为果蓏[luǒ]，为阍[hūn]寺，为指，为狗，为鼠，为黔喙[huì]之属。其于木也，为坚多节。

兑为泽，为少女，为巫，为口舌，为毁折，为附决。其于地也，为刚卤。为妾，为羊。

上面这些内容，讲的是现实世界中新事物与旧事物的变化发展和新陈代谢。

让我们读一些《序卦传·上》的内容：

有天地，然后万物生焉。盈天地之间者唯万物，故受之以《屯》。《屯》者，盈也；物之始生也。物生必蒙，故受之以《蒙》。《蒙》者，蒙也；物之稚也。物稚不可不养也，故受之以《需》。《需》者，饮食之道也。饮食必有讼，故受之以《讼》。讼必有众起，故受之以《师》。《师》者，众也。众必有所比，故受之以《比》。《比》者，比也。比必有所畜，故受之以《小畜》。物畜然后有礼，故受之以《履》。履而泰然后安，故受之以《泰》。《泰》者，通也。物不可以终通，故受之以《否》。物不可以终否，故受之以《同人》。与人同者物必归焉，故受之以《大有》。有大者不可以盈，故受之以《谦》。有大而能谦必豫，故受之以《豫》。豫必有随，故受之以《随》。以喜随人者必有事，故受之以《蛊》。《蛊》者，事也。有事而后可大，故受之以《临》。《临》者，大也。物大然后可观，故受之以《观》。可观而后有所合，故受之以《噬嗑》。嗑者，合也。物不可苟合而已，故受之以《贲》。《贲》者，饰也。致饰然后亨则尽矣，故受之以《剥》。《剥》者，剥也。物不可以终尽，剥，穷上反下，故受之以《复》。复则不妄矣，故受之以《无妄》。有无妄然后可畜，故受之以《大畜》。物畜然后可养，故受之以《颐》。《颐》者，养也。不养则不可动，故受之以《大过》。物不可以终过，故受之以《坎》。《坎》者，陷也。陷必有所丽，故受之以《离》。《离》者，丽也。《周易·序卦传·下》有天地，然后有万物；有万物，然后有男女；有男女，然后有夫妇；有夫妇，然后有父子；有父子，然后有君臣；有君臣，然后有上下；有上下，然后礼义有所错。夫妇之道，不可以不久也，故受之以《恒》。《恒》者，久也。物不可以久居其所，故受之以《遁》。《遁》者，退也。物不可以终遁，故受之以《大壮》。物不可以终壮，故受之以《晋》。《晋》者，进也。晋必有所伤，故受之以《明夷》。夷者，伤也。伤于外者必反其家，故受之以《家人》。家道穷必乖，故受之以《睽》。《睽》者，乖也。乖必有难，故受之以《蹇》。《蹇》者，难也。物不可以终难，故受之以《解》。《解》者，缓也。缓必有所失，故受之以《损》。损而不已必益，故受之以《益》。益而不已必决，故受之以《夬》。《夬》者，决也。决必有所遇，故受之以《姤》。《姤》者，遇也。物相遇而后聚，故受之以《萃》。《萃》者，聚也。聚而上者谓之升，故受之以《升》。升而不已必困，故受之以《困》。困乎上者必反下，故受之以《井》。井道不可不革，故受之以《革》。革物者莫若鼎，故受之以《鼎》。主器者莫若长子，故受之以《震》。《震》者，动也。物不可以终动，止之，故受之以《艮》。《艮》者，止也。物不可以终止，故受之以《渐》。《渐》者，进也。进必有所归，故受之以《归妹》。得其所归者必大，故受之以《丰》。《丰》者，大也。穷大者必失其所居，故受之以《旅》。旅而无所容，故受之以《巽》。《巽》者，入也。入而后说之，故受之以《兑》。《兑》者，说也。说而后散之，故受之以《涣》。《涣》者，离也。物不可以终离，故受之以《节》。节而信之，故受之以《中孚》。有信者必行之，故受之以《小过》。有过物者必济，故受之以《既济》。物不可穷也，故受之以《未济》终焉。

上面这些内容，力求破解现实世界中新事物与旧事物的变化发展和新陈代谢的内在机制。

让我们读一些《杂卦传》的内容：

乾刚坤柔，比乐师忧，临观之义，或与或求，屯见而不失其居，蒙杂而着，震，起也，艮，止也，损，益，盛衰之始也，大畜，时也，无妄，灾也，萃聚，而升不来也，谦轻，而豫怠也，噬嗑，食也，贲，无色也，兑见，而巽伏也，随，无故也，蛊则饬也，剥，烂也，复，反也，晋，昼也，明夷，诛也，井通，而困相遇也，咸，速也，恒，久也，涣，离也，节，止也，解，缓也，蹇，难也，睽，外也，家人，内也，否泰，反其类也，大壮则止，遁则退也，大有，众也，同人，亲也，革，去故也，鼎，取新也，小过，过也，中孚，信也，丰，多故也，亲寡，旅也，离上，而坎下也，小畜，寡也，履，不处也，需，不进也，讼，不亲也，大过颠也，姤，遇也，柔遇刚也，渐，女归待男行也，颐，养正也，既济，定也，归妹，女之终也，未济，男之穷也，夬，决也，刚决柔也，君子道长，小人道忧也。

上面这些内容，力求破解现实世界中新事物与旧事物的变化发展和新陈代谢的界限。

让我们读一些《文言传》的内容：

"元"者，善之长也；"亨"者，嘉之会也；"利"者，义之和也；"贞"者，事之干也。君子体仁足以长人，嘉会足以合礼，利物足以和义，贞固足以干事。君子行此四德者，故曰"乾，元亨利贞。"

初九曰"潜龙勿用"，何谓也？子曰："龙德而隐者也。不易乎世，不成乎名；遁世无闷，不见是而无闷；乐则行之，忧则违之，确乎其不可拔，潜龙也。"

九二曰"见龙在田，利现大人"，何谓也？子曰："龙，德而正中者也。庸言之信，庸行之谨；闲邪存其诚，善世而不伐，德博而化。《易》曰：'见龙在田，利现大人'，君德也。"

九三曰"君子终日乾乾，夕惕若，厉，无咎"，何谓也？子曰："君子进德修业。忠信，所以进德也；修辞立其诚，所以居业也。知至至之，可与言几也。知终终之，可与存义也。是故居上位而不骄，在下位而不忧。故乾乾因其时而惕，虽危无咎矣。"

九四曰"或跃在渊，无咎"，何谓也？子曰："上下无常，非为邪也；进退无恒，非离群也。君子进德修业，欲及时也，故无咎。"

九五曰"飞龙在天，利见大人"，何谓也？子曰："同声相应，同气相求；水流湿，火就燥；云从龙，风从虎；圣人作而万物睹。本乎天者亲上，本乎地者亲下，则各从其类也。"

上九曰"亢龙有悔"，何谓也？子曰："贵而无位，高而无民，贤人在下位而无辅，是以动而有悔也。"

"潜龙勿用"，下也；"见龙在田"，时舍也；"终日乾乾"，行事也；"或跃在渊"，自试也；"飞龙在天"，上治也；"亢龙有悔"，穷之灾也；乾元"用九"，天下治也。

"潜龙勿用"，阳气潜藏；"见龙在田"，天下文明；"终日乾乾"，与时偕行；"或跃在渊"，乾道乃革；"飞龙在天"，乃位乎天德；"亢龙有悔"，与时偕极；乾元"用九"，乃见天则。

"乾元"者，始而亨者也。"利贞"者，性情也。乾始能以美利利天下，不言所利，大矣哉！大哉乾乎！刚健中正，纯粹精也。六爻发挥，旁通情也。时乘六龙，以御天也；云行雨施，天下平也。

君子以成德为行。日可见之行也。"潜"之为言也，隐而未见，行而未成，是以君子弗用也。君子学而聚之，问以辩之，宽以居之，仁以行之。《易》曰"见龙在田，利见大人"，君德也。

九三重刚而不中，上不在天，下不在田，故"乾乾"因其时而"惕"，虽危"无咎"矣。

九四重刚而不中，上不在天，下不在田，中不在人，故"或"之。或之者，疑之也，故"无咎"。

夫"大人"者，与天地合其德，与日月合其明，与四时合其序，与鬼神合其吉凶。先天而天弗违，后天而奉天时。天且弗违，而况于人乎？况于鬼神乎？

"亢"之为言也，知进而不知退，知存而不知亡，知得而不知丧。其唯圣人乎！知进退存亡，而不失其正者，其唯圣人乎！

上面这些内容，力求破解现实世界中新事物与旧事物的变化发展和新陈代谢的过程。

让我们读一些《文言传·坤》的内容：

坤，至柔而动也刚，至静而德方。"后得主"而有常，含万物而化光，坤道其顺乎，承天而时行。

积善之家，必有余庆；积不善之家，必有余殃。臣弑其君，子弑其父，非一朝一夕之故，其所由来者渐矣！由辩之不早辩也。《易》曰："履霜坚冰至"，盖言顺也。

"直"其正也，"方"其义也。君子敬以直内，义以方外，敬义立而德不孤。"直方大，不习无不利"，则不疑其所行也。

阴虽有美，含之以"从王事"，弗敢成也。

地道也，妻道也，臣道也。地道"无成"而代"有终"也。

天地变化，草木蕃；天地闭，贤人隐。《易》曰："括囊，无咎无誉"，盖言谨也。

君子黄中通理，正位居体，美在其中，而畅于四支，发于事业，美之至也！

阴疑于阳必战，为其嫌于无阳也，故称"龙"焉。犹未离其类也，故称"血"焉。夫"玄黄"者，天地之杂也，天玄而地黄。

上面这些内容，力求破解现实世界中新事物与旧事物的变化发展和新陈代谢的内在规律。

新陈代谢，几乎可以延伸到古今中外的一切哲学中去。我们这里把新

陈代谢延伸到《易经》之中，只是其中一个实例而已。

参考资料

1.《易传》，中国古籍全录，2012-08-03。

2. 金永译解：《周易》，重庆出版社，2006 年。

3. 思履：《四书五经》，北京联合出版公司，2014 年。

4.《〈周易〉是怎么形成的》，安阳网，2016-07-17。

5.《周易·易经》简介，古诗文网，2016-07-17。

6. 水书《连山易》真伪考，中国知网，2016-07-17。

7. 高怀民：《先秦易学史》，广西师范大学出版社，2007 年。

8. 黄寿祺：《周易译注》，上海古籍出版社，2004 年 7 月新 1 版。

9. 张涛：《易学 经学 史学》，北京师范大学出版社，2011 年。

10.《子夏与〈归藏〉关系初探 —— 兼及帛书〈易经〉卦序的来源》，中国社会科学网，2016-09-29。

四、新陈代谢的普遍规律

新陈代谢可以进行广泛的哲学延伸，而哲学就喜欢研究普遍性、普遍法则、普遍规律。那么，新陈代谢可不可以成为普遍规律呢？新陈代谢可不可以成为普遍法则呢？新陈代谢具不具有广泛的普适性、普遍性呢？现在，我们就来谈谈这一个问题。

自古以来，我们中国人就喜欢把元气看作宇宙万物的本原。

实际上，元气这个本原，也是变化发展、新陈代谢的。

元气论，是中国人关于事物构成、生命构成与自然演化的基本物质观念的重要哲学理论。

元气论，始见于先秦哲学著作《鹖冠子》。

元，是开始的意思，元气就是我们这个世界万事万物的根源。

元气论，是极为重要的中国传统宇宙观、自然观。

元气论发源早，流传长久，影响广泛而深入，直到现在依然是中国人重要的宇宙观、自然观。

我们中华民族自上古产生气论思想之后，元气论历经汉唐宋元明清各代而长久不衰。

元气论，经历代思想家不断发挥、引申，思想内容不断丰富，逻辑体系日趋严密。

元气论的宇宙观、自然观，既可以反映出我们中国人的哲学立场，也可以显示出我们中国人的思维水平。

现实中，我们中国人的元气论的宇宙观、自然观，不仅具有相当完整的思想体系，而且渗透到了中国人科学认识的诸多领域，成为中国人说明、理解各种自然现象的重要思想工具。

中国的先秦和西汉时期，有许多著作，如《黄帝内经》《老子》《列子》

《庄子》《管子》《鹖冠子》《荀子》《淮南子》等，都有自己的元气论思想。

"元气"这个概念，是我们中国人重要的哲学概念，"元气"在我们中国人的大脑中，是指产生和构成天地万物的原始物质、宇宙的本原、自然的根本。

在我们中国人的心目中，"元气"不是静止不动的，而是周行不殆、变化发展的，由此产生天地万物而造就新陈代谢。

中国古代的元气论最好的代表，是东汉末年王充的"元气自然论"。

《元气自然论》
——汉·王充

王充，是东汉杰出的唯物论思想家。他写了一部哲学名著《论衡》。

王充认为：世界上最根本的东西是元气。他用"气"和"气化"来说明万事万物、天、地、人及各种自然现象的产生。在他心中，新事物与旧事物皆与元气有关。

王充认为：物之生是元气的凝结，物之死灭则复归于元气，犹如水凝而为冰，冰释而复为水一样。在他心中，新事物的产生与旧事物的灭亡，皆与气有关。

在宇宙观上，王充主张天地本原论，认为天地是从来就有的，"大地不生，故不死。唯无终始者，乃长生不死"。在他看来，大地是不生不灭的。

王充反对浑天说，主张天和地都是平正的，都是物质实体。他说："天之与地，皆体也。"

《论衡·记义》中说："夫天者，体也，与地同。天有列宿，地有宅舍，宅舍附地之体，列宿著天之形。"

王充认为，天地的运动是它们本身所固有的，不假乎外力。"地固将自动"，"星固将自徙"。列星随天转，日月附天行。"自然之化，固疑难知，外若有为，内实自然。"天地自然运行，新事物与旧事物自然生灭，天地自然新陈代谢，是王充的基本看法。

王充在《论衡》中说：

天地，含气之自然也。

夫天覆于上，地偃于下，下气蒸上，上气降下，万物自生其中间矣。

元气，天地之精微也。

王充在《论衡》中还说："天禀元气，人受元精。""人之所以生者，精气也，死而精气灭。""天去人高远，其气莽苍无端末。"

王充更进一步说：

夫阴阳和则谷稼成，不则被灾害。阴阳和者谷之道也。（《异虚篇》）

血脉不调，人生疾病；风气不和，岁生灾异。（《谴告篇》）

是故气不通者，强壮之人死，荣华之物枯。

万物自生，皆禀元气。

人之生，其犹水也，水凝而为冰，气积而为人；冰极一冬而释，人竟百岁而死。

因气而生，种类相产。（《物势篇》）

有血脉之类，无有不生，生无不死，以其生，故知其死也。天地不生，故不死；阴阳不生，故不死。死者生之效，生者死之验也。夫有始者必有终，有终者必有始。唯无终始者，乃长生不死。（《物势篇》）。

在王充这里，宇宙、自然、天、地、人、万事万物，皆因"气"与"气化"而生而灭，是一个新事物与旧事物不断新陈代谢的演化局面。

王充《论衡》的宇宙观提出：天地万物（包括人在内），由"气"构成。"气"是天地万物统一的物质元素。"气"有"阴气""阳气"，有有形、无形，人、物的生都是"元气"的凝结，死灭则复归元气，这是自然过程。

王充由"气"出发，在《论衡》中指出："天乃玉石之类"，是无知的东西；万物的生长，是"自然之化"。天地、万物和人，新事物与旧事物由同一的充塞于宇宙中的气构成，在运动中构成，"外若有为，内实自然"。人与天地、万物不同，"知饥知寒"，"见五谷可食之，取而食之；见丝麻可衣，取而衣之"。人和五谷，不是天有意造化的，是"气"的"自然之化"。

《论衡》从宇宙观上，否定了"天人感应"的"天"，还我们的宇宙、我们的世界以物质的本原面貌。

《论衡》的宇宙观、自然观，是自然主义的世界观：

"天地合气，物偶自生也"，"及其成与不熟，偶自然也"。（《论衡·物势》篇）

《论衡》指出："薏苡""燕卵"根本不能生人，龙与人不是同类，"不相与合者，异类故也"。

"天地之间，异类之物相与交接，未之有也。""何则？异类殊性，情欲不相得也。"（《论衡·奇怪》篇）

王充还把"命"看作元气变化的"适偶之数"（《论衡·初禀》）。他说："人生性命当富贵者，初禀自然之气，养育长大，富贵之命效矣。"

王充用元气变化过程中的偶然性，来解释人类社会中的生死富贵等"命"的现象。

王充的元气自然论，后来发展为唯物主义的气本论和气化论。

王充的元气自然论，说的就是宇宙、自然、天、地、人的新陈代谢。

北宋时期的张载，倡导"元气本体论"。

张载认为："气"或"元气"是天、地、人和万物产生的最高本体和最初本原。他说的"一气""元气"，包含了阴阳二气的对立依存、相反相成、升降互变的关系，在这种关系的交互运动、变化、发展中，产生了新事物与旧事物，产生了人和万物。

张载提出了"太虚即气""气为本体""气化万物"的宇宙观、自然观。

张载认为：宇宙的本体、万物的本原，就是"气"，一切万物都是气化（新陈代谢）而来的，形态万千的事事物物，都是气的不同表现形态（新陈代谢的结果）。

不论有象的"有"，还是无形的"无"，究其实质，都是有，不是"无"。"太虚即气，则无无。"

气作为宇宙本体，只有存在形式的不同变化，不是本身消灭和化为无了，气是永恒存在的。也就是说，气是新陈代谢的永恒主体。

张载创立了关学具有特色的人性学说。

关学认为：人和万物，都由"气"产生、构成。因为气有清浊、精粗、明昏、偏全、厚薄的不同，便产生了千差万别的人和事事物物。气的本性，就是人和事事物物的本性。人和事事物物，都有性。人和事事物物的本性，同出于"太虚之气"。

性是永恒存在的。先天之性，本源纯善、纯清、纯洁。

人生下来后，不同的身体条件、生理特点、家庭环境和自然环境，与人与生俱来、先天禀赋的天地之性结合、交互作用和影响，形成后天之性，这就是"气质之性"。

人的气质之性，有善有恶，有清有浊。也就是说，人的气质之性，与气的新陈代谢有关。

张载认为：气的本然状态，是无形的太虚；气的基本特性，是运动与静止。

充满宇宙的太虚之气，在不断进行"郁蒸凝聚、健顺动止"的变化。事事物物的生死、动静的改变，都是气化的体现和结果。

张载认为：太虚之气，之所以能不断地运动、变化、发展，是因为太虚之气是阴阳之二气的合和体。

太虚，是阴阳未分的浑沌态，为无极。阴阳分化，为太极。

无极而太极，太极生两仪。两仪，就是阴与阳。阴阳交互变化，生万物。

太虚之气，包涵阴气与阳气。阳气的特性，是清、浮、升、动；阴气的特性，是浊、沉、降、静。阴阳二气，处于同一个统一体中，相互对立，相互斗争，相互激荡，相互联系，相互依存，相互渗透，相互生发。"独阳不生，孤阴不长。"

张载不仅提出了"太虚即气""气有阴阳，推行有渐为化，合一不测为神"及"气之为物，有幽明之别"等重要概念，在描述事物矛盾运动时，还提出了**"有象斯有对，对必反其为；有反斯有仇，仇必和解"**的著名论断。

张载认为：万事万物，皆由阴阳构成。阴与阳，既对立，又相互依存，相互作用。阴阳消长，刚柔相济。

阴阳二气的运动变化，是万物运动、变化、发展的根本原因和动力，

也是宇宙、自然、天、地、人、事事物物新陈代谢的根本原因和动力。

我们中国人的元气学说以元气为本原，作为构成世界的基本物质；以元气的运动变化来解释宇宙万物的生成、发展、变化、消亡等新陈代谢的现象。这在中国古代哲学史上占有极重要的地位，并对各门科学的发展产生了深刻的影响。

在东汉时期，从外传来的佛教，经魏晋和南北朝而在中国南北各地广泛传播开来。为了能让中国人理解、接受佛教，在相当长的时期内，佛教一直附会中国传统的儒、道学说，佛教徒们也都大讲元气。

魏晋时的安世高、东晋时的道安、唐代的宗密等佛教大师，都说过元气生万物。但是，佛教的根本思想是"空"，是"心"，强调"心生万法""万法皆空"，他们把元气处于"空"和"心"之下。

中国的佛教徒们，是半截元气论者，元气概念只是他思想体系中的一个环节，一个方便利用的工具。

元气学说，作为一种宇宙观、自然观，是我们中国人对整个物质世界的哲学理论。

元气，是我们这个世界新陈代谢的载体、本原。

人的生命活动，是物质运动的一种特殊形态。我们中国人的元气学说，还对人类生命的起源以及有关生理现象提出了特别的见解。

元气论，对中医学、气功学的理论体系形成和发展，都产生了极大的作用。

元气论，是中国古代传统的生命观，对中医学、气功学理论体系的确立和发展，做出了巨大的贡献。

元气，摆到现代科技面前，仍是谜。

有人从控制论的角度，认为元气与信息同样具有传递、保存、交换的共同特征；人体通过元气的调控作用，维持内环境、内外环境间的阴阳平衡。

有人从"场"论的角度，认为元气是"动态的生物场"，非常活跃，能联系调节机体内外环境，维持正常生理活动的协调。

有人从能量的角度，提出"电子激发能假说"，认为激发态分子可通过共振转移，将激发能传给别的分子，这样的过程就是所谓"行气"。

有人认为，气是微粒流，直径小于 60 ± 2 微米，某些还带正、负电荷。辐射场摄影，能提供内气的指标，说明内气存在于生命之中，并随着生命条件的转化而改变。电量辉光，即是内气存在的表现。

元气，不仅是传统的中医学、气功学向现代化方向发展的重要突破口，对揭开人类生命的奥秘也具有深远的意义。

元气，很基本。气与气化，很基本，很普遍。这就决定了：新陈代谢，很基本，很普遍。

元气，是人的生命与天地自然统一的物质基础："夫人生于地，悬命于天，天地合气，命之曰人"（《素问·宝命全形论》）；

元气，是生命之源泉："人之生，气之聚也，聚则为生，散则为死"（《庄子·知北游》）；

生命活动过程，是元气的消长变化及升降出入运动："人之生此由乎气"（《景岳全书》），"出入废则神机化灭，升降息则气立孤危"。（《素问·六微旨大论》）

论曰：元气无号，化生有名；元气同包，化生异类。同包无象，乃一气而称元；异居有形，立万名而认表。故无名天地之始，有名万物之母，常无欲以观其妙，常有欲以观其微。微为表，妙为里。里乃基也，表乃始也。始可名父，妙可名母，此则道也，名可名也，两者同出而异名。同谓之道，异谓之玄，玄之又玄，众妙之门。又曰：有物混成，先天地生，寂兮寥兮。独立不改，周行不殆，可以为天下母，吾不知其名，字之曰道。乃自然所生。既有大道，道生阴阳，阴阳生天地，天地生父母，父母生我身。

元气的盛衰、聚散及运行正常与否，直接关系着人的生老病死。

元气充足、运行正常，是人体健康的保障。

元气不足、气机失调，为致病之因。

"百病皆生于气""元气虚为致病之本"。

防病治病，以调护元气为本。善养生者，正视护养元气。

张介宾说："盖天地万物皆由气化，气存数亦存，气尽数亦尽，所以生者由乎此，所以死者亦由乎此。此气不可不宝，能宝其气，则延年之道也。"（《类经·运气类》）

唯有元气之运化，是人体新陈代谢的本根。

元气藏之于肾而化生元精，系于命门而为肾间动气，其变化为用，一分为二而为元阴、元阳，实为生命之本、造化之机。元气虽藏之于下，而其用则布护周身，脏腑之机能全赖此气之运转，故徐灵胎说："五脏有五脏之真精，此元气之分体者也。而其根本所在，即道经所谓丹田。《难经》所谓"命门"，《内经》所谓"七节之劳有小心"。阴阳阖辟存乎此，呼吸出入系乎此，无火而能令百体皆温，无水而能令五脏皆润，此中一线未绝，则生气一线末亡，皆赖此也"（《医学源流论》）。元气之所行，与任督二脉关系至密。元气根之于肾而行于任督，故李时珍说："任督二脉，人身之子午也，此元气之所由生，真息之所由起"（《奇经八脉考》）。元气虽化生于先天父母之精，但必须有赖于后天水谷精气的充养，所以与脾胃又密切相关，故李东垣说："脾胃之气无所伤，而后能滋养元气"；"脾胃之气既伤，而元气亦不能充，而诸病之所由生也"（《脾胃论》）："脾胃既损，是真气元气败坏，促人之寿"（《内外伤辨惑论》）。

人体之元气，为"原气"，为"真气"，存在于体内，是生命活动的本原物质。

《难经·八难》说："气者，人之根本也，根绝则茎叶枯矣。"

《灵枢·刺节真邪》说："真气者，所受于天，与谷气并而允身者也。"

气功学中之元气，多指先天之"炁"。"炁"，形成于受胎之先，先天细细蕴蕴，生于无形，又谓"原始祖炁"，是推动胎儿内呼吸（潜气内转）的循环动力；在人出生后，即"炁落丹田"，成为启动脏腑经络功能活动的原动力，并司理后天呼吸之气、水谷之气、营卫之气、脏腑之气、经脉之气等。

气功学中所指先天之"炁"，是潜藏的内气；而后天之"气"，则着重于呼吸之气(外呼吸)。《入药镜》注："藏则为炁，形则为气。"

在人体之内，先天之"炁"与后天之"气"密不可分。人出生后，"炁落丹田"，为"呼吸之根"。

人呼吸时，"先天元始祖炁未尝不充溢其中。非后天之气，无以见先天一炁之流行；非先天之炁，无以为后天一气之主宰"（《入药镜》注）。

内丹水中，要求气贯丹田，以后天之"气"接引先天之"炁"，发动任、督循环，达到"再立胎息"的效果。

《入药镜》说："先天炁，后天气，得之者，常如醉。"

气功状态中，二气混合，呼吸绵绵，任督循环，身心酣畅。气功锻炼，充实元气、调理气机，治病强身。

《素问·上古天真论》说："恬恢虚无，真气从之，精神内守，病安从来？"

养生家们，以"元气论"为基础，行气、养气，培补元气、调畅气机，可致气功。

人体之气功，乃是人体元气之运化、人体元气之新陈代谢。

宋代的张澡认为：自然界一切，均由元气化生。

人的生命"禀天地之元气为神为形，受元一气为液为精。"

张澡主张，返老还童，需七返九还，"液化为精，精化为气，气化为神，神复化为液，液复化精，精复化为气，气复化为神"。

张澡特别推重服气法，认为"夫长生之术，莫过乎服元气，胎息内固灵液，金丹之上药"。

让我们学习一下张澡的《元气论并序》：

混沌之先，太无空焉；混沌之始，太和寄焉。寂兮寥兮，无适无莫。三一合元，六一合气，都无形象，窈窈冥冥，是为太易，元气未形；渐谓太初，元气始萌；次谓太始，形气始端；又谓太素，形气有质；复谓太极，质变有气；气未分形，结胚象卵，气圆形备，谓之太一。元气先清，升上为天，元气后浊，降下为地，太无虚空之道已生焉。道既无生，自然之本，不可名宣，乃知自然者，道之父母，气之根本也。夫自然本一，大道本一，元气本一。一者，真正至元，纯阳一气，与太无合体，与大道同心，与自然同性，则可以无始无终，无形无象，清浊一体，混沌之未质，故莫可纪其穷极。洎乎元气蒙鸿，萌芽兹始，遂分天地，肇立乾坤，启阴感阳，分布元气，乃孕中和，是为人矣。首生盘古，垂死化身，气成风云，声为雷霆，左眼为日，右眼为月，四肢五体为四极五岳，血液为江河，筋脉为地里，肌肉为田土，发髭为星辰，皮毛为草木，齿骨为金石，精髓为珠玉，汗流为雨泽。身之诸虫，因风所感，化为黎甿。以天之生，称曰苍生；以其首黑，谓之黔首，亦曰黔黎。其下品者，名为苍头。今人自名称黑头虫也，或为裸虫，盖盘古之后，三皇之前，皆躶形焉。三王之代，然乃裁革结莎，巢橹营窟，多食草木之实，啖鸟兽之肉，饮血茹毛，蠢然无闷。既兴燔黍擗豚，坏饮窆樽，蒉桴土鼓，火化之利，丝麻之益，范金合土，大壮宫室，重门击柝，户牖庖厨，以炮以烹，以煮以炙，养生送死，以事鬼神。自太无太古，至于是世，不可备纪。爰从伏羲，迄于今日，凡四千馀载，其中生死变化，才成人伦，为君为臣，为父为子，兴亡损益，进退成败，前儒志之，后儒承之，结结纷纷，不可一时殚论也。且天地溟涬之后，人起出盘古遗体，散为天经地纬，天文地理，五罗二曜，黄赤交道，五岳百川，白黑昼夜，产生万物，亭育万汇，其为羽毛鳞介，各三百六十之数，凡一千八百类。人为鏑虫之长，预其一焉。人与物类，皆禀一元之气，而得生成。生成长养，最尊最贵者，莫过人之气也。澡叨预一鏑，忝窃三才，渔猎百家，披寻万古，备论元气，尽述本根，委质自然，归心大道，求诸精义，纂集玄谭，记诸真经，永传来哲。达士遇者，慎勿轻生，以日以时，勤炼勤行，鹤栖华发，无至噬脐。同好受之，常为宝耳。

论曰：元气无号，化生有名；元气同包，化生异类。同包无象，乃一气而称元；异居有形，立万名而认表。故无名天地之始，有名万物之母，常无欲以观其妙，常有欲以观其徼。徼为表，妙为里。里乃基也，表乃始也。始可名父，妙可名母，此则道也，名可名也，两者同出而异名。同谓之道，异谓之玄，玄之又玄，众妙之门。又曰：有物混成，先天地生，寂兮寥兮。独立不改，周行不殆，可以为天下母，吾不知其名，字之曰道。乃自然所生。既有大道，道生阴阳，阴阳生天地，天地生父母，父母生我身。

夫情性形命，禀自元气。性则同包，命则异类。性不可离于元气，命随类而化生。是知道、德、仁、义、礼，此五者不可斯须暂离，可离者非道、德、仁、义、礼也。道则信也，故尊于中宫，曰黄帝之道；德则智也，故尊于北方，曰黑帝之德；仁则人也，故尊于东方，曰青帝之仁；义则时也，故尊于西方，曰白帝之义；礼则法也，故尊于南方，曰赤帝之礼。然三皇称曰大道，五帝称曰常道，此两者同出异名。

元气本一，化生有万。万须得一，乃遂生成。万若失一，立归死地，故一不可失也。一谓太一，太一分而为天地，天地谓二仪，二仪分而立三才，三才谓人也，故曰才成人备。人分四时，四时分五行，五行分六律，六律分七政，七政分八风，八风分九气。从一至九，阳之数也；从二至八，阴之数也。九九八十一，阳九太终之极数；八八六十四，阴六太终之极数也。

一含五气，是为同包；一化万物，是谓异类也。既分而为三为万，然不可暂离一气。五气者，随命成性，逐物意移，染风习俗，所以变化无穷，不唯万数，故曰游魂为变。只如武都煮男化为女，江氏祖母化为鼋，黑胎氏猪而变人，蒯武安人而变虎，斯游魂之验也。

夫一含五气，软气为水，水数一也；温气为火，火数二也；柔气为木，木数三也；刚气为金，金数四也；风气为土，土数五也。五气未形，三才未分，二仪未立，谓之混沌，亦谓混元，亦谓元块如卵。五气混一，一既分元，列为五气，气出有象，故曰气象。

张衡《灵宪浑天仪》云：夫覆载之根，莫先于元气；灵曜之本，分气成元象。昔者先王步天路，用定灵轨，寻诸本元，先准之于浑体，是为正仪，是为立度，而后皇极有所建也，旋运有所稽也。是为经天纬地之根本也。

圣人本无心，因兹以生心。心生于物，死于物。机在心目，天地万机、成败兴亡、得失去留，莫不由于心目也。死者阴也，生者阳也，阴阳之中，生道之术，而不知修行之路，常游生死之迳，故墨翟悲丝、杨朱泣岐，盖以此也。夫太素之前，幽清玄静，寂寞冥默，不可为象，厥中惟虚，厥外惟无，如是者永久焉，斯谓溟涬，盖乃道之根。既建方有，太素始萌，萌而未兆，一气同色，混沌不分，故曰有物混成。然虽成其气，未可得而形也。其迟速之数，未可得而化也，如是者又永久焉，斯谓庞鸿，盖乃道之干也。于是元气剖判，刚柔始分，阴阳构精，清浊异位，天成于外，地定于内。天体于阳也，象乎道干，以有物成体，以圆规覆育，以动而始生；地体于阴也，象乎道根，以无名成质，以方矩载诞，以静而终死，所谓天成地平矣。既动以行施，静以含化，郁气构精，时育庶类，斯谓天元，盖乃道之实也。

　　夫在天成象，在地成形，天有九位，地有九域，天有三辰，地有山川，有象可效，有形可度，情性万殊，旁通感著，自然相生，莫之能纪。纪纲经纬，今略言之。四方八极，地之维也，径二亿三万二千五百一十七里，南北则知减千里，东西则广增千里。自地至天半于人极，地中深亦如之半之极，径围之数一半是也。计天地相去一亿一万二百五十八里半也，通四度之，乃是混元之大数也。天道左行，有反于物，则天人气左盈右缩，天以阳而回转，地以阴而停轮，是以天致其动，禀气舒光，地致其静，永施候明。天以顺动，不失其光，则四序顺节，寒暑不忒；地以顺静，不失其体，则万物荣华，生死有礼。故品物成形，天地用顺。夫至大莫若天，至厚莫若地，至多莫若水，至空莫若土，至华莫若木，至实莫若金，至无莫若火，至明莫若于日月，至昏莫若于暗虚日月至明，遇暗虚犹薄蚀昏黑，岂况于人乎哉。夫地有山岳川谷、井泉江河、洞湖池沼、陂泽沟壑，以宣吐其气也；天有列宿星辰三百四十八座，亦天之精气所结成，凝莹以为星也。星者，体生于地，精成于天，列居错峙，各有所属，斯谓悬象矣或云玄象，亦可两存。夫日月径周七百里三十六分之一，其中地广二百里三十二分之一。日者，阳精之宗，积精成象，象成为禽，金鸡、火鸟也，皆曰三足，表阳之类，其数奇；月者，阴精之宗，积精而成象，象成为兽，玉兔、蟾蜍也，皆四足，表阴之类，其数偶。是故奇偶之数，阴阳之气，不失光明，实由元气之所生也。

　　夫人之受天地元气，始因父精母血，阴阳会合，上下和顺，分神减气，忘身遗体，然后我性随降，我命记生，绵绵十月之中人皆十月处于胞胎，解在卷末也，蠢蠢三时之内人虽十月胞胎，其实受孕三十八腊。一腊谓一七。日一变，凡三十八变，然后解胎求生。求生之时，四日之中，善慧聪明者，如在王室，受诸快乐，释然而生，如从天降下，子母平善，无诸痛苦，亲属欢喜，邻里相庆；凶恶悖戾者，如在狴牢，受诸苦毒，二命各争，痛苦难忍，亲族忧惶，邻里惊惧。凡在世人受孕日数，数则一定，善恶两分，为人子者，安可悖乱五逆哉！今生子满三十日，即相庆贺，谓之满月，皆以此而习为俗矣。气足形圆，百神俱备，如二仪分三才，体地法天，负阴抱阳，喻瓜熟蒂落，啐啄同时，既而产生，为赤子焉。夫至人含怀道德，冲泊情性，抱一守虚，澹寂无事，体合虚空，意栖胎息，故曰合德之厚，比于赤子。赤子之心，与至人同心，内为道德之所保，外为神明之所护，比若慈母之于赤子也。夫赤子以全和为心，圣人以全德为心，外无分别之意，内无害物之心。赤子以全和，故能拳手执握，自能牢固，所谓骨弱筋柔而握固，未知牝牡之合而朘作，精之至；终日号而不嘎，和之至。执牢实者，其由元气充壮，致骨弱筋柔。未知阴阳配合，而含气之源动作者，由精气纯粹之所然也。阴为雌牝，阳为雄牡，朘谓气命之源。气命之源，则元气之根本也。言赤子心无情欲，意无辨认，虽有朘作，且不被外欲牵挽，终无畎浍尾闾之虞，其气真精，往还溯流，自然自在，任运任真而已，故曰精之至也。终日号啼，而声不嘶嘎者，亦纯和之至也，故曰和之至也。嘎者，声物之破也。赤子以元气内充，真精存固，全和之至，乃不破散也。

《上清洞真品》云：人之生也，禀天地之元气，为神为形；受元一之气，为液为精。天气减耗，神将散也；地气减耗，形将病也；元气减耗，命将竭也。故帝一回风之道，溯流百脉，上补泥丸，下壮元气。脑实则神全，神全则气全，气全则形全，形全则百关调于内，八邪消于外。元气实则髓凝为骨，肠化为筋，其由纯粹真精，元神元气，不离身形，故能长生矣。

秦少齐《议黄帝难经》云：男子生于寅，寅为木，阳也；女子生于申，申为金，阴也。元气起于子，乃人命之所生于此也。男从子左行三十，女从子右行二十，俱至于巳，为夫妻怀妊，受胎气于此也。男从巳左行十至寅，女从巳右行十至申，俱为十月受气，气足形圆，寅申乃男女所生于此也。从寅左行三十至未，未谓小吉，男行年所至也；从申右行二十至丑，丑谓大吉，女行年所至也。然乃许男婚而女娉矣。如是永久焉，则元气无所复，精气无所散，故致长生也。夫天地元气既起于子之位，属水，水之卦为坎，主北方恒，岳冀州之分野，人之元气亦同于天地，在人之身生于肾也。人之元气，得自然寂静之妙，抱清虚玄妙之体，玄之又玄，妙之又妙，是谓众妙之门，乃元气玄妙之路也。故玄妙曰神，神之灵者曰道，道生自然之体，故能长生。生命之根，元气是矣。

夫肾者神之室，神若无室，神乃不安，室若无神，人岂能健！室既固矣，乃神安居。则变凡成圣，神自通灵。神乃爱生而室不能固，致使神不得安居，室屋于是空废，遂投于死地矣。若人自以其妙于运动，勤于修进，令内清外静，绝诸染污，则大壮营室，神魂安居。神之与祇，恒为营卫，身之与神，两相爱护，所谓身得道，神亦得道；身得仙，神亦得仙。身神相须，穷于无穷也。

夫元气者，乃生气之源，则肾间动气是也。此五脏六腑之本，十二经脉之根，呼吸之门，三焦之源，一名守邪之神，圣人喻引树为证也。此气是人之根本，根本若绝，则脏腑筋脉如枝叶，根朽枝枯，亦以明矣。问：何谓肾间动气？答曰：右肾谓之命门，命门之气，动出其间，间由中也，动由生也，乃元气之系也，精神之舍也。以命门有真精之神，善能固守，守御之至，邪气不得妄入，故名守邪之神矣。若不守邪，邪遂得入，入即人当死也。人所以得全生命者，以元气属阳，阳为荣，以血脉属阴，阴为卫，荣卫常流，所以常生也。亦曰荣卫，荣卫即荣华气脉，如树木芳荣也。荣卫脏腑，爱护神气，得以经营，保于生路。又云：清者为荣，浊者为卫，荣行脉中，卫行脉外，昼行于身，夜行于藏，一百刻五十周，至平旦大会，两手寸关尺，阴阳相贯常流，如循其环，终始不绝。绝则人死，流即人生，故当运用调理，爱惜保重，使荣卫周流，神气不竭，可与天地同寿矣。

夫混沌分后，有天地水三元之气，生成人伦，长养万物，人亦法之，号为三焦三丹田，以养身形，以生神气。有三位而无正藏，寄在一身，主司三务。上焦法天元，号上丹田也，其分野自胃口之上，心下鬲已上至泥丸，上丹田之位受天元阳炁，治于亶中，亶中穴在胸，主温于皮肤肌肉之间，若雾露之溉焉；中焦法地元，号中丹田也，其分野自心下鬲至脐，中丹田之位受地元阴炁，治于胃管，胃管穴在心下，主腐谷熟水，变化胃中水谷之味，出血以营脏腑身形，如地气之蒸焉；下焦法水元，号下丹田也。其分野自脐中下膀胱囊及漏泉，下丹田之位受水元阳气，治于气海在脐下一寸，府于气街者，气之道路也。三焦都是行气之主，故府于气街，街，乃四通八达之大道也。下焦主运行气血，流通经脉，聚神集精，动静阴阳，如水流就湿湿即源，湿言水行赴下也，浇注以时，云气上腾，降而雨焉。

《仙经》云：我命在我，保精受气，寿无极也。又云：无劳尔形，无摇尔精，归心静默，可以长生。生命之根本，决在此道，虽能呼吸导引，修福修业，习学万法，得服大药，而不知元气之道者，如树但有繁枝茂叶，而无根荄，岂能久活耶？若以长夜声色之乐，嗜欲之欢，非不厚矣，卒逢夭逝之悲，永捐泉垅之痛，是则为薄亦已甚矣。若以积年终日，勤苦修炼，受延龄之方，依玉经之法，遵火食之禁，知元气之旨，拘魂制魄，留胎止精，此非不薄矣，卒逢长久之寿，永住云霄之境，是则为厚亦已甚矣。故性命之限，诚有极也，嗜欲之情，固无穷也，以有极之性命，逐无穷之嗜欲，亦自毙之甚矣。夫土能浊河，不能浊海，风能拔树，不能拔山，嗜欲之能乱小人，不能动君子，夫何故哉？君子乃处士也，小人乃游子也，须知性分有极，生涯难保，若不示之以枢机，传之以要道，宣之以心随，授之以精华，则片言旷代，一经皓首，不可得闻道矣。夫道者何所谓焉？道即元气也。元气者，命卒也。命卒者，惟中之术也。以存道为法，化精为妙，使气流行，运无阻滞。是故流水不腐，户枢不蠹。若知玄之又玄，男女同修，夫妇俱仙，斯谓妙道。

《仙经》云：一阴一阳谓之道，三元二合谓之丹，溯流补脑谓之还，精化为气谓之转。一转一易一益，每转延一纪之寿，九转延一百八岁。西王母云：呼吸太和，保守自然，先荣其气，气为生源。所为易益之道，益者益精也，易者易形也。能益能易，名上仙籍；不益不易，不离死厄。行此道者，谓常思灵宝。灵者神也，宝者精也。但常爱气惜精，握固闭口，吞气吞液，液化为精，精化为气，气化为神，神复化为液，液复化为精，精复化为气，气复化为神，如是七返七还，九转九易，既益精矣，即易形焉。此易非是其死，乃是生易其形，变老为少，变少为童，变童为婴儿，变婴儿为赤子，即为真人矣。至此道成，谓之胎息。修行不倦，神精充溢，元气壮实，脑既已凝，骨亦换矣。

《仙经》云：阴阳之道，精液为宝，谨而守之，后天而老。又云：子欲长生，当由所生之门，游处得中，进退得所，动静以法，去留以度，可延命而愈疾矣。又云：以金理金，是谓真金；以人理人，是谓真人；人常失道，非道失人。人常去生，非生去人。要常养神，勿失生道，长使道与生相保，神与生相守，则形神俱久矣。王母云：夫人理气，如龙理水。气归自然，神归虚无，精归泥丸。水出高源，上入天河，下入黄泉，横流百川，终归四海。气之与水，循环天地，流注人身，轮转无穷，运行无极，人能治之，与天地齐其经，日月同其明矣。

《古诜记》云：人之元气，乃神魂之肴馔，故曰子丹进肴馔正黄。是以神服元气，形食五味，气清即神爽，气浊即神病。故常谓匀修炼气，常令气清，所谓炼神炼魂，却鬼制魄，使形神俱安。

《九皇上经》曰：始青之下月与日，两半同升合成一，出彼玉池入金室，大如弹丸黄如橘，中有佳味甜如蜜，子能得之慎勿失。注云：交梨火枣，生在人体中，其大如弹丸，其黄如橘，其味甚甜，其甜如蜜，不远不近，在于心室。心室者，神之舍，气之宅，精之主，魂之魄。玉池者，口中舌上所出之液，液与神气一合，谓两半合一也。

《太清诰》云：许远游与王羲之书曰，夫交黎火枣者，是飞腾之药也。君侯能剪除荆棘，去人我，泯是非，则二树生君心中矣，亦能叶茂枝繁，开花结实，君若得食一枝，可以运景万里。此则阴丹矣。但能养精神，调元气，吞津液，液精内固，乃生荣华，喻树根壮叶茂，开花结实，胞孕佳味，异殊常品。心中种种，乃形神也。阴阳乃日月雨泽，善风和露，润沃溉灌也。气运息调，荣枝叶也。性清心悦，开花也。固精留胎，结实也。津液流畅，佳味甜也。古仙誓重，传付于口，今以翰墨宣授，宜付奇人矣。道林云：此道亦谓玉醴金浆法。玉醴金浆，乃是服炼口中津液也。一曰精；二曰泪；三曰唾；四曰涕；五曰汗；六曰溺。人之一身，有此六液，同一元气，而分配五脏六腑、九窍四肢也。知术者，常能岁终不泄，所谓数交而不失出，便作独卧之仙人也。常能终日不唾，恒含而咽之，令人精气常存，津液常留，面目有光。

《老子节解》云：唾者，溢为醴泉聚，流为华池府，散为津液，降为甘露，漱而咽之，溉藏润身，通宣百脉，化养万神，支节毛发，坚固长春，此所谓内金浆也，可以养神明，补元气矣。若乃清玉为醴，炼金为浆，化其本体，柔而不刚，色莹冰雪，气夺馨香，饮之一杯，寿与天长，此所谓外金浆也。可以固形体，坚脏腑矣。又常使身不妄出汗，汗是神之信，元调而运动微汗者，适致也，乃勿冲冷风。若极劳形，盗失精汗者，雨脉霖不止，大困神形，固当缓形徐行，劳而不极，坐卧勿及疲倦。行立坐卧，常能消息从容，导引按摩消息，令人起立轻健，意思畅逸。又常伺候大小二事，无使强关抑忍，又勿使失度，或涩或寒或滑多，皆伤气害生，为祸甚速。此所谓知进退存亡，圣人之道也。

　　夫圣凡所共宝贵者，命也；贤愚所共爱惜者，身也。是故圣人以道德、仁义、谦慈、恭俭、天文、人事、预垂瑞兆以示君子也；礼乐、征伐、法律、刑典、鬼神、卜筮、梦觉、警象以示小人也。夫养生之要，先诚其外，后慎其内，内外寂静，此谓善入无为也。欲求无为，先当避害，何者？远嫌疑，远小人，远苟得，远行止，慎口食，慎舌利，慎处闹，慎力斗，常思过失，改而从善。又能通天文，通地理，通人事，通鬼神，通时机，通术数。是则与圣齐功，与天同德矣。夫术数者，莫过修神，淘炼真气，使年延疾愈；外禳邪恶，清净心身，使祸害不干。

　　《道德论》曰：大中之象，莫高乎道德，次莫大乎神明，次莫广乎太和，次莫崇乎天地，次莫著乎阴阳，次莫明乎圣功。夫道德可道不可原，神明可生不可伸，太和可体不可化，天可行不可宣，阴阳可用不可得，圣功可观不可言。是知可道非自然也，可明非素真也。

　　夫修无为入真道者，先须保道气于体中，息元气于藏内，然后辅之以药物，助之以百行，则能内愈万病，外安万神，内气归元，外邪自却。却灾害于外，神道德于内，内外相济，保守身命，岂不善乎？

　　《老子》云：功成名遂身退，天之道。又云：功成事遂，百姓谓我自然。又云：修之于身，其德乃真；修之天下，其德乃普。以身观身，以天下观天下，吾何以知天下之然哉？以此，夫何？故教天子则为事法天，教诸侯则以政理国，教用兵则不敢为主，教利器则不可示人，教处世则和光同尘，教出家则道与俗反，教养性则谷神不死，教体命则善寿不亡，教修身则全神具炁，教修心则虚心守道，教见前则常善救物，教冥报则神不伤人，所谓事少理长，由人备授。其得也者，则骨节坚强，颜色悦泽，老而还少，不衰不朽，长存世间，长生久视，寒温风湿不能伤，鬼神精魅不敢犯，五兵百虫不敢害，忧悲喜怒不为累。常以六经训俗，方士授术，此其真得道要矣。

　　真人云：圣人知元气起于子，生于肾，胞于巳，胎于午，故存于心，息于火，养于未土，生于申金，沐浴于酉，冠带于戌土，官荣于亥，帝王于子水，衰于土丑，病于木寅，死于震卯，墓于巽辰。墓即葬也，葬者藏也、归者，终也。元气，元始于水，归终于风，藏风于土，是谓归魂巽即风也，辰即土也，水之所流，归于辰也，故云地缺于东南，水流于巽户。

《列子》云：海之表有大壑焉，号为尾闾，是大水泄去之所。人之元气，亦有尾闾之壑，故象于水焉。是知土藏其风，风藏其土，土藏其水，水藏其土，土藏其火，火藏其土火所以墓在戌土，水所以墓在辰土也，土藏其木，木藏其土，土藏其金，金藏其土，木所以墓在未土，金所以墓在丑土，土能藏木、金、水、火，而土自亦归于土，故墓亦在辰土，是谓还元返本、归根复命之道。

《老子》云：夫物芸芸，各归其根，归根曰静，静曰复命，复命曰常，知常曰明。是谓知常道之理，会可道之事，即知明白之路，达坦平之涯。故曰：知其白，守其黑，为天下式。知常容，容乃公，公乃王，王乃天，天乃道，道乃久，是谓公道。盗之公道，盗之天地，万物无不通容。

《阴符经》云：三盗既宜，三才既安。故曰食其时，百骸理；动其机，万化安。真人云：知此道者，即识真水真火、真铅真汞、真龙真虎、真牙真车、真金真石、真木真土、真丹真药、真神真气、真物真精、真客真主，既皆认得其真，然乃依师用师，依道用道，依术用术，依法用法，修之炼之，淘之汰之，研之精之，调之习之，仙人所以目八字妙门，一元真法，谓之"虚心实腹，饥气渴津"八字是也。诀云：常能虚寂一心，善亦不贮，岂况一尘秽恶！所谓静心守一，除欲止乱，众垢除，万事毕，恒使腹中饱实，所谓腹中无滓秽，但有真精元气，淘汰修炼不辍，自然开花结实矣。饥即吞气，渴即咽津，不饥不渴即调习，使周流通畅，不滞不隔，蠢蠢陶陶，滔滔乐乐，不知天地大小，不知日月回转，可以八百一十年为一大运耳。

夫修炼法者，言调和神气，使周流不竭绝于肾。肾乃命门，故曰命术也。神气不竭，则身形长生，炼骨化形，游于帝庭，位为真人，以养元气，男女俱存。《经颂》云：道以精为宝，宝持宜密秘，施人则生人，留己则生己，生己永度世，名籍存仙位，人生则陷身，身退功成遂。结婴尚未可，何况空废弃，弃捐不觉多，衰老而命坠。天地有阴阳，元气人所贵，贵之合于道，但当慎无贵。夫能养其元，绵绵服其气，转转还其精，冲融妙其粹。

夫能服元气者，不可与饵一叶一花、一草一木、灵芝金石之精滞，砂砾之滓秽，同日同年而语哉！《老子》云：精者，血脉之川源，守骨之灵神，故重之以为宝；气者，肌肉之云气，固形之真物，故重之以为生。人之一身，法象一国，神为君，精为臣，气为民。民有德，可为尊，君有道，可以永久有天下。是以能养气有功，可化为精；养精有德，可化为神；养神有道，可化为一身，永久有其生。

《三一诀》云：修炼元气真神，三一存至者，即精化为神，神化为婴儿，婴儿化为真人，真人化为赤子。赤子乃真一也，一乃帝君也，能统一身，主三万六千神。帝若在身，三万六千神无不在也，故能举其身游帝庭。

《天老十干经》云：食气之道，气为至宝，一岁至肌肤充荣，二岁至机关和良，三岁至骨节坚强，四岁至髓脑填塞填塞，满塞也。天有四时，气应四岁，食气守一，功备四年，则神与形通。形能通神，如日明焉，不视而见形，不听而闻声，不行而能至，不见而知之，所谓形一神千，得称为仙，形一神万，得称婴儿，形一神万八千，得称真人，形一神三万六千，得称赤子，即真一帝君矣。与日月长生，天地齐龄，道之成矣。

夫元气有一，用则有二，用阳气则能飞行自在，朝太清而游五岳；用阴气即能住世长寿，适太阳而游洞穴。是谓元气一性，阴阳二体，一能生二，二能生三，三生万物。万物若不得元气，分阴阳之用，即万物无由得生化成长。故神无元气即不灵，道无元气即不生，元气无阴阳即不形。形须有气，气须有阴阳，阴阳须有精，精须有神，神须有道，道须有术，术须有法，法须有心，心须有一，一须有真，真须有至，至无至虚，至清至净，至妙至明。至至相续，亲亲相授，授须其人，非道勿与。

人能学道，是谓真学，学诸外事，是谓淫学，亦谓邪道。夫学道谓之内学，内学则身内心之事，名三丹田三元气。一丹三神，一气分六气，阳则终九，阴则终六，阳九百六，天地之极，亦人之极，至此谓之还元返本。夫云极者，元气内藏，尽无出入之息，兼为有窍作出入息处，亦皆并无出入之息，此名得道，谓之至无也。

《真经》曰：修炼元气，至无出入息，是落籍逃丁之士，不为太阴所管，三官不录，万灵潜卫矣。夫称混元者，气也。周天之物，名之混元。混元之气者，本由风也。风力最大，能载持天地三才五行，天地三才五行，不能大其风，风气俱同一体，而能开花拆柳，结实成果，莫不由其四气八风也。

夫修心是三一之根，炼气是荣道之树，有心有气，如留树留根。根即心也，存心即存气，存气即存一。一即道也，存道即总存三万六千神，而总息万机。总息万机，即无不为，而无不为，即至丹见矣。服至丹者，与天地齐年。

何谓至丹？至丹即丹田真神，真一帝君存身为主，众神存体，元气不散，意绝淫荡，气遵禀其神，禁束其故气，至无出入之息，能胎息者，命无倾矣。谓形留气住，神运自然。

罗公远《三岑歌》云："树衰培土，阳衰气补，含育元气，慎莫失度。"注云：无情莫若木，木至衰朽，即尘土培之，尚得再荣。又见以嫩枝接续老树，亦得长生，却为芳嫩。用意推理，阳衰气补，固亦宜尔。衰阳以元气补而不失，取其元气津液返于身中，即颜复童矣。何况纯全正气未散，元和纯一，遇之修炼，其功百倍！故学道切忌自己元气流奔也。

真人云：夫修炼常须去鼻孔中毛，宣降五脏六腑谷滓秽浊，洗漱口齿，沐浴身体，诚过分酒，忌非适色。遇饮食先捧献明堂前，心存祭祀三丹田、九一帝真、三万六千神君。恒一其意，专调和神气，本末来去，常令息匀，如此坚守，精气得固，即学节气。节气时先闭口，默察外息从鼻中入，以意预料入息三分，而节其一分令住，入讫，即料出息三分，而节其一分，凡出入各节一分，如此不得断绝。夫节气之妙，要自己意中与鼻相共一则节之，其气乃便自止，惊气之出入，人不节之，其气乃亦自专出入，若解节之，即不敢自专出入，是谓节之由人不由气也。

夫气与神，复以道为主，道由心，心由意，即知意为道主，意亦可谓之神也。大约神使其气，以意为妙，鼻失出口，亦劳闭之，舌柱齿，觉小闷，闷即微微放之，三分留一，却复闭之。如上所说，当节气令耳无闻、目无见、心无思，周而复始调习之。气未调和，常放少许出，意度气和，即如法节之。若意能一日节之，然如常息者，其气即永固，不假放节，但勤用功，即气自永息，不从口鼻出入，一一自然从皮肤毛孔流散，如风云在山泽天地，自然自在。

《仙经》云：元气调伏，常常服之，不绝不竭，自不从口鼻出。修炼百日已来，耳目自然不闻见也。修炼之人，切不得乱食。凡味即令元气奔突，又不能清净其心。不依教法，唯贪财色，嗜欲妒嫉，恣食辛秽，怀毒抱恶，不敬仙法，但务偷窃，违负背逆为凶者，三官书过，北阴召魂，未死之间，精神亡失，忘前忘后，如醉如痴，醉乱昏迷，横遭殃祸，延于九祖，形谢九泉，此盖失道，负神明矣。

真人曰：夫道者，无义而无恩。子不见《阴符经》云，天之无恩而大恩生，天之至私，用之至公，禽之制在气，生者死之根，死者生之根，恩生于害，害生于恩。"故天与道，不私于人，乃万物而言恩，人与万物自有感仰之心，归恩于天道，不恃其功，至公至私，与物不怀其曲直，洪纤一体，贵贱同途，弃爱惜于坦然，绝去留于用意，是以顺天时者见生，逆天意者见杀。杀非以私，生非以公，但随人物逆顺，自然而致其生杀也，故曰无义而无恩。夫道可及者，虽仇雠而必化；道不可及者，虽父母而终不可言。盖凤分有无，一一出于天籍，且非一夕一朝而得偶会。生所化者曰死，死所化者曰生，生死之根，反复为常。盖善于生者，不为死之行；不善于生者，为死之行。得死之行为其死，为生之行得其生。故得生者，莫不由于气，气所以能化于生则生；化于死则死。故曰禽之制在气者，唯以气感，不以力为。气感自于虚无，而能制于万有，至于天地日月、星宿云雷，并赖气之所转运，使不失坠落。巍巍乎，荡荡乎，无始终，安范增论其所动，乐其所静，是谓道气自然。若以身之禽制在气者，实由乎心，不能禽制者，亦心也。

夫居于尘世，唯利与名，于中能不谄不偷，无贼无害，于物不伤和气，每怀亭育之心，斯近仁焉。不贪不争，无是无非，斯亦近乎道焉。非内非外，宝而持之，自有阴灵书其福佑，灾害远去，祸横难侵，自感上天下察，益算延龄，大道之元，兹为始也。夫惠及人物曰恩，侵毁人物曰害，行恩则福生，行害则祸至。莫忌对镜求象，从感生疑，闇类之中，狂痴之鬼，乱则难宁六寸，倾动百神，斯须之间，本则亡矣，诚深诚之元气有六寸，内三寸，外三寸。人能保一寸，延三十年寿。若保固六寸，则万神备体，自然永保长生。失一寸，减三十年之寿。

《元气诀》云：天地自倾，我命自然。黄帝求玄珠，使离娄不获，闇象乃获者，玄珠气也，离娄目，闇象心也。元无者，道体虚无自然，乃无为也。无为者，乃心不动也。不动也者，内心不起，外境不入，内外安静，则神定气和，神定气和，则元气自至，元气自至，则五脏通润，五脏通润，则百脉流行，百脉流行，则津液上应，而不思五味饥渴，永绝三田，道成则体满藏实，童颜长春矣。

夫元气修炼，气化为血，血化为髓，一年易气，二年易血，三年易脉，四年易肉，五年易髓，六年易筋，七年易骨，八年易发，九年易形，从此延数万岁，名曰仙人。九年是炼气为形，名曰真人。又炼形为气，气炼为神，名曰至人。

《仙经》云：神常爱人，人不爱神。神常爱者，籍身以养灵也。人若造凶作恶，即陷坏身，身既毁败，神乃去人，神去人死，得不惊哉！所谓不知常，妄作凶也。黄帝求道于皇人，皇人问所得者，凡一千二百事，乃谓曰：子所得皆末事也。又曰：子欲长生，三一当明。夫三一者，乃上皇黄箓之首篇也，能知之者，万祸不干。

夫长生之术，莫过乎服元气，胎息内固，灵液金丹之上药，所以禽虫蛰藏，以不食而全，盖是息待其元气也。节气功成，即学咽气，但合口作意，微力如咽食一般。咽液咽气，皆如咽食，存想入肾入命门穴，循脊流上溯入脑宫，又溉脐下至五星。五脏相逢，内外相应，各各有元气管系连带，若论元气流行，无处不到。若一身内外疾病之处，以意存金、木、水、火、土五色，相刻相生，以意注之，无不立愈。又有妙诀，虽云呵、呬、呼、吹、嘘、嘻一六之气，不及冷、暖二气以愈百病。夫节气从容稍久，含气候暖而咽之，谓之暖气，可愈虚冷；若才节气，气满便咽，谓之冷气，可愈虚热。临时皆以意度而行。又或有病，但以呵呵十至三十，知其应验，酒毒、食毒俱从呵气并出。若人能专心服元气，更须专念于一，存而祝之，可与日月同明矣。

夫天得一以清，天既泥丸，有双田宫、紫宫，亦曰脑宫。宫有三焉，丹田、洞房、明堂，乃上三一神所居也。其名赤子、帝卿、元先，常存念之，即耳聪目明，鼻通脑实矣。地得一以宁，地即脐中气海，亦有丹田、洞房、明堂三宫，下三一神所居也，其名婴儿、元阳、谷玄，存念之永久，即口不乏津，腹实心寂，不乱不惑，自通神灵矣。神得一以灵，即心主于神，心为帝王，主神气变化，感应从心，非有非无，非空非色，从粗入细，从凡入圣，心为绛宫，亦有丹田、洞房、明堂三宫，三一神所居也，其名真人、子丹、光坚，存念不绝，即帝一不离身心，身心安宁，遇白刃来逼，但当念一，一来救人，必得免难，道不虚言。其三丹田，其神九人，皆身长三寸，并衣朱衣、朱冠帻、朱履，坐金床玉榻，机桉金炉，常依形象存而念之一云男即一神，长九分，女长六分，其两存注之。夫元命者，元气也。有身之命，非气不生，以道固其元，以术固其命，即身形神气永长存矣。我命之神，即三丹田之三一神也。其形影精光气色，凡三万六千神，皆臣于帝一。一分二，谓阳气化为元龙，阴气化为玉女。诀云：气之所在，神随所生，神在气即还，神去气即散。若能存念其神，以守元气，气亦成神，神亦成气。修之至此，气合则为影精光气色，气散则为云雾风雨。出即为乱，入即为真，上结三元，下结万物，静用为我身，动用为我神。形神感应，在乎运用；神气变化，在乎存念。《三元经》云：上元神名曰元，中元神名还丹，下元神名子安，亦须如三一九神，专存念之。凡出入行住坐起，所遇皆然，精意专念，玄之又玄，道之极秘矣。

从上可以看出，元气、元气运行、元气新陈代谢，是普遍的，是普遍法则，是普遍规律。

所以，毛泽东在《矛盾论》中指出："**新陈代谢是宇宙间普遍的永远不可抗拒的规律。**"

五、用新陈代谢的哲学思维看宇宙演化

一个特别爱思考宇宙问题的学者，与笔者聊天，很好奇地问我："哲学家先生，你觉得宇宙之外，是什么？"

笔者回答说："哲学家么？不敢当。但既然你问起了宇宙问题，我也是有所思考的。其实，**你不需要知道宇宙之外的事情，你只需要思考宇宙之内的事情，就很了不起了。**"

是的，现在我们只要思考宇宙之内的事情，就可以了。

那么，宇宙之内，是什么？有什么？在怎么样呢？

首先，我们的宇宙，一定是有东西的。

其次，我们的宇宙，不是死的，是活的。

我们的宇宙是活的，相对应的就是：我们的宇宙，在演化。

真正要思考宇宙，是需要哲学头脑的。现在，我们就来用普遍的永远不可抗拒的新陈代谢规律，即用新陈代谢的哲学思维来看看宇宙演化的一些图景。

人们常提到的所谓的哲学问题是：我是谁？我从哪里来？我到哪里去？

我们看《西游记》的时候，唐僧常说的三句话是：

贫僧唐三藏，从东土大唐而来，去往西天拜佛取经。

面对宇宙，我们也要常说三个问题：宇宙是什么？宇宙从哪里来？宇宙要到哪里去？

现在可以这样说：我们的世界，就是我们的宇宙。

要了解宇宙，我们需要去思考"宇宙是什么？"

西方人的宇宙概念，包含所有空天的事事物物，而且这些事事物物都只存在于时空之中。

中国人的传统宇宙概念，主要是时空，而且这样的时空中必须有东西。

古代中国人对宇宙的定义有多种，如：

《文子·自然》："往古来今谓之宙，四方上下谓之宇。"

《尸子》："上下四方曰宇，往古来今曰宙。"

《淮南子》："往古来今谓之宙，四方上下谓之宇"。

《庄子·庚桑楚》："出无本，入无窍。有实而无乎处，有长而无乎本剽。有所出而无窍者有实。有实而无乎处者，宇也；有长而无本剽者，宙也。"

很显然，我们的宇宙，除了时间和空间，里面还有东西。

那我们的宇宙，时空如何？有何东西呢？

科学家通过对宇宙微波背景辐射的观测，发现我们的宇宙已经膨胀了138.2亿年。

我们的宇宙的直径，显然要大于138.2亿光年。

有科学家最新的研究认为，我们的宇宙的直径，可达到920亿光年，甚至更大。我们要理解的宇宙，一般仅限于这个球体范围以内。

我们要多多探索和思考：这个范围以内的宇宙，里面到底有一些什么？

我们人类所观察到的部分宇宙，里面的物质组成大约是：4.9%的普通物质（构成恒星、行星、气体和尘埃的物质）或"重子"，26.8%的暗物质和68.3%的暗能量。

重子物质，构成我们的宇宙的星系际的"蛛网"。

在我们的宇宙中，我们的地球，是目前人类所知的、唯一有生命存在的星球。

科学家创立的"宇宙大爆炸论"，是描述我们的宇宙诞生初始条件及其后续演化的宇宙学模型。这一模型说：我们的宇宙，在过去有限的时间之前，由一个密度极大且温度极高的太初状态（奇点）演变而来，经过不断的膨胀到达如今的状态。

暗物质和暗能量，分别通过对普通物质产生的引力作用，推动我们的宇宙做加速膨胀。

如果暗能量不存在，那么物质间的万有引力作用就会减慢我们的宇宙的膨胀。

天文观测表明，我们的宇宙，还在做加速膨胀运动。

可以这样说，我们的宇宙是由一切空天物质组成的。

关于我们的宇宙，中国古人提出过盖天说和浑天说。

盖天说　　　　浑天说　　　　　　　　浑天说示意图　　　地中示意图

《晋书·天文志》记载："其言天似盖笠，地法覆盘，天地各中高外下。北极之下为天地之中，其地最高，而滂沲四隤，三光隐映，以为昼夜。天中高于外衡冬至日之所在六万里。北极下地高于外衡下地亦六万里，外衡高于北极下地二万里。天地隆高相从，日去地恒八万里。"这里的"盖天说"，就是中国古代汉民族的宇宙学说。

盖天说，是中国最古老的宇宙学说。

盖天说，起源于殷末周初。

早期的盖天说，讲的是天圆地方，认为"天圆如张盖，地方如棋局"：穹隆状的天，覆盖在呈正方形的平直大地上。

在汉代，盖天说形成了较为成熟的理论。

西汉中期成书的《周髀算经》，是盖天说的代表，认为"天象盖笠，地法覆盘"：天地都是圆拱形状，互相平行，相距 8 万里，天总在地上。

盖天说认为：天体都附着在天盖上，天盖周日旋转不息，带着诸天体东升西落；日月星辰在天盖上缓慢地东移，由于天盖转得快，日月行星运动慢，做周日旋转。

盖天说认为：我们的太阳在天空的位置，时高时低。冬天在南方低空中，一天之内绕一大圈；夏天在天顶附近，绕一小圈；春秋分则介于其中。

盖天说认为：冬至日，太阳在天盖上的轨道很大，直径有 47.6 万华里；夏至日则只有 23.8 万华里。

盖天说认为：我们人目所及范围为 16.7 万华里，再远就看不见了。白天是太阳走近了；晚上是太阳走远了。

盖天说认为：太阳在天盖上运动，不同的节气有不同的轨道进行。

以北极为中心，在天盖上间隔相等地画出大小不同的同心圆，就是太阳运行的七条轨道，称为"七衡"。七衡之间的 6 个间隔，称为"六间"。最内的第一衡为"内衡"，为夏至日太阳的运行轨道，即"夏至日道"；最外的第七衡为"外衡"，是冬至日太阳运行的轨道，即"冬至日道"。内衡和外衡之间涂以黄色，称为"黄图画"，即所谓"黄道"，太阳只在黄道内运行。

《周髀算经》卷下所载二十四节气告诉我们，太阳在七衡六间上的运行与二十四节气的关系是：七衡相应于十二个月的中气，六间相应于十二个月的节气。

太阳在 365 日内，极于内衡、外衡各一次，完成一个循环，即"岁一内极，一外极"。

由于内衡、外衡分别与地面上的北回归线、南回归线上下相对应，所以内衡的半径为 11.9 万里，外衡的半径为 23.8 万里，其间相距 11.9 万里，共六个间隔，相邻各衡之间相距是 19833 里（11.9 万里÷6）。

亦称"周髀说"。我国古代一种宇宙学说。形成于周初。起初主张天圆地方，天圆像张开的伞，地方像棋盘。后来改为：天像一个斗笠，地像覆着的盘。《周髀算经》卷上："方属地，圆属天，天圆地方。"注："北极之下，高人所居。六万里滂沱四聩而下。天之中央，亦高四旁六万里，是为形状同归而不殊途，隆高齐轨而易以陈。故曰天似盖笠，地法覆盘。"《晋书·天文志上》："蔡邕所谓《周髀》者，即盖天之说也……其言以似盖笠，地法覆盘，天地各中高外下。北极之下为天地之中，其地最高，而滂沱四隤，三光隐映，以为昼夜……又《周髀》家云：'天员（圆）如张盖，地方如棋局……天形南高而北下，日出高，故见；日入下，故不见。天之居如倚盖，故极在人北，是其证也。极在天之中，而今在人北，所以知天之形如倚盖也。'"

《周髀算经》卷下之一称："璇玑径二万三千里，周六万九千里，此阳绝阴极，故不生万物"；"极下不生万物。北极左右，夏有不释之冰"。

《周髀算经》说："凡北极之左右，物有朝生暮获。"北极地带，一年中 6 个月为长昼，6 个月为长夜，1 年 1 个昼夜。作物在长昼生长，日没前就可收获。

《周髀算经》说："中衡左右，冬有不死之草，夏长之类；此阳彰阴微，故万物不死，五谷一岁再熟。"这里说的是赤道南北热带地区的气候和作物情况。

浑天说，是中国古代汉民族的又一种宇宙学说，是中国古代汉族人在肉眼观察的基础上，进行想象来构想天体的构造。

浑天说最初认为：地球不是悬在空中的，而是浮在水上。

浑天说后来又认为：地球浮在气中，回旋浮动。

天说的代表作《张衡浑仪注》说：

浑天如鸡子。天体圆如弹丸，地如鸡子中黄，孤居于天内，天大而地小。天表里有水，天之包地，犹壳之裹黄。天地各乘气而立，载水而浮。周天三百六十五度又四分度之一，又中分之，则半一百八十二度八分度之五覆地上，半绕地下，故二十八宿半见半隐。其两端谓之南北极。北极乃天之中也，在正北，出地上三十六度。然则北极上规径七十二度，常见不隐。南极天地之中也，在正南，入地三十六度。南规七十二度常伏不见。两极相去一百八十二度强半。天转如车毂之运也，周旋无端，其形浑浑，故曰浑天。

浑天说比盖天说进步，认为：天不是半球，是圆球，我们的地球在其中，如鸡蛋黄在鸡蛋内部一样。

浑天说并不认为"天球"就是我们的宇宙的界限，"天球"之外还有别的世界。

张衡说："过此而往者，未之或知也。未之或知者，宇宙之谓也。**宇之表无极，宙之端无穷**。"（《灵宪》）张衡提出了"**宇之表无极，宙之端无穷**"的无限宇宙概念。

渾天仪

地动仪

张衡
天文学家

浑天说
中国古代一种宇宙学说，认为天是一个圆球，地则位于这个圆球的中间。天在不停地旋转，日月星辰随天运转，转到地平线之下就看不见了，这种见解比盖天更合理地解释了天体的出没。早期的浑天说认为"天地各乘气而立，载水而浮"（东汉张衡《浑天仪注》），即天地之间上半充满了气，下半则充满了水。到了北宋时代，张载提出"地在气中"（《正蒙·参两》），认为天地之间完全为气所充满。中国古代的浑天家并不排斥宇宙无限观，汉代浑天说的代表人物张衡就主张"宇之表无极，宙之端无穷"（《灵宪》），认为球形的天球并不是宇宙的边界，宇宙在时间上和空间上都是无穷无尽的。

公元前 7 世纪的巴比伦人认为：天和地都是拱形的，大地被海洋环绕，中央是高山。

古埃及人把宇宙想象成：天为盒盖、大地为盒底，大地的中央是尼罗河。

古犹太人认为：地球是宇宙的中心，周围绕着一圈星球，再往外去，寥落地分布着其余天体。有一个静止的天球存在，在其内部，星球各居其位，转动不止。

公元前 6 世纪，古希腊的毕达哥拉斯认为：一切立体图形中最美的是球形，天体和大地都是近似球形的。

公元 2 世纪，托勒密提出了"地心说"：地球处于宇宙中心，从地球向外，依次有月球、水星、金星、太阳、火星、木星和土星，在各自的圆轨道上绕地球运转。

1543 年，哥白尼《天球运行论》正式提出了"日心说"：太阳是行星系统的中心，一切行星都绕太阳旋转。地球也是一颗行星，它像陀螺一样自转，和其他行星一样围绕太阳转动。

1584 年，乔尔丹诺·布鲁诺提出：**恒星都是遥远的太阳**。

1609 年，开普勒的"开普勒三定律"，揭示了地球和诸行星都在椭圆轨道上绕太阳公转，发展了日心说，为牛顿万有引力定律的提出打下了基础。

1608 年，利普赛发明望远镜后，伽利略立即加以改造并指向苍穹。

1610 年，伽利略发表了划时代的著作《星际使者》：

朦胧的银河原来是无边的星海，皎洁的月亮竟然布满了环形山，灿烂的太阳哪知会有黑子，而金星的相位变化和木星的 4 颗卫星恰恰是日心说最可靠的证据。

1687 年，牛顿发现了万有引力定律，使哥白尼的学说获得更加稳固的科学基础。

天文望远镜诞生了，带来了天文学的第一次革命，人类对宇宙的认识愈加清晰丰富。

望远镜的每一次发展、突破，都促进了天文学的重大发现和人类对我们的宇宙的认识。

18 世纪上半叶，由于哈雷对恒星自行的发展和布拉得雷对恒星遥远距离的科学估计，布鲁诺的推测得到了越来越多人的赞同。

18 世纪中叶，赖特、康德和朗伯推测说：布满全天的恒星和银河构成了一个巨大的天体系统。

弗里德里希·威廉·赫歇尔，首创取样统计的方法，用望远镜数出了天空中大量选定区域的星数，以及亮星与暗星的比例，1785 年首先获得了一幅扁而平、轮廓参差、太阳居中的银河系结构图，奠定了银河系概念的基础。

在此后一个半世纪中，沙普利发现了太阳不在银河系中心、奥尔特发现了银河系的自转和旋臂，以及许多人对银河系直径、厚度的测定，科学的银河系概念才最终确立。

18 世纪中叶，康德等人还提出，在整个宇宙中，存在着无数像银河系那样的天体系统。

1917 年，阿尔伯特·爱因斯坦运用广义相对论，建立了一个"静态、无限、无界"的宇宙模型。

1922 年，弗里德曼发现，根据爱因斯坦的场方程，我们的宇宙是膨胀的、振荡的。

1924 年，哈勃用造父视差法测量仙女星系的距离，确认了河外星系的存在。

1927 年，勒梅特提出了膨胀宇宙模型。

1929 年，哈勃发现了星系红移与它的距离成正比，建立了著名的哈勃定律。这一发现是对膨胀宇宙模型的有力支持。

20 世纪中叶，伽莫夫等人提出了热大爆炸宇宙模型。

1965 年微波背景辐射的发现，证实了伽莫夫等人的预言，大爆炸宇宙模型成为标准宇宙模型。

1980 年，美国的阿兰·古斯在热大爆炸宇宙模型的基础上，又进一步提出了大爆炸前期暴涨宇宙模型。随后，由安德烈·林德进行了修订。该模型包括一个短暂的（指数的）快速膨胀，这个过程抹平时空，使宇宙平坦，解决了视界问题。他提出：在我们的宇宙诞生最初的时刻，时空发生过一次急速膨胀的过程；我们的宇宙大爆炸之后的一瞬间，时空在不到 10^{-34} 秒的时间里迅速膨胀了 10^{78} 倍。

2014 年 5 月，科学家制作出最为成功的宇宙演化的电脑模型，模拟我们的宇宙以暗物质为起点诞生并演化的过程。

本次建立的电脑模型，和真实的宇宙惊人相似。这个电脑模型可用于测试有关宇宙构造和运转原理的理论。有关科研成果已经在《自然》杂志上发表。

该电脑模型，最初展示了虚空状态下分散在各处神秘的"暗物质"。几百万年后，暗物质集中起来，为早期星系的产生埋下种子。反暗物质随之出现，才有了后来的星球和生命。

黑洞也在模型中占有一席之地。它们吸入并吐出物质，产生一系列爆炸，影响星球的形成。

研究人员马克·福格尔斯贝格尔表示，模型印证了暗物质等诸多宇宙学理论。他说："在模拟中，很多星系都和现实宇宙中的星系非常相似。这意味着我们对宇宙基本运转原理的认知是正确的、完整的。如果你不把暗物质算进去，它看着都不怎么像真正的宇宙。"

最新的研究认为，我们的宇宙的直径可以是 920 亿光年，甚至更大。

目前可观测的我们的宇宙，年龄大约为 138.2 亿年，形状如下图：

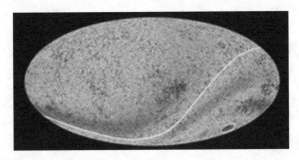

看看这么一个"蛋"（中国古人说的"鸡子"），就是我们的宇宙，我们的世界的一切时间、空间、事事物物，就在其中。

笔者有一些感慨：自古以来，有多少人在探索宇宙，思考宇宙，却原来都是在这么一个"蛋"里面。我们人类的宇宙观，一代又一代改进，一个又一个地更替，到目前为止，我们人类的最高宇宙观，就是这么一个"蛋"。

现在，"蛋"宇宙观，是一个新事物；在这之前的宇宙观，就成为旧事物了。

人类宇宙观的新陈代谢，让我们有了越来越先进、越来越接近真实世界的宇宙观了。

我们人类，就是在这样的"蛋"中，就是在宇宙观的新陈代谢中，思考我们的宇宙。

我们这个"宇宙蛋"，内部结构是怎样的呢？

如果从我们的地球往外看，大概可以认定这么一个递进关系：

地球 ⊆ 地月系 ⊆内太阳系⊆ 太阳圈 ⊆ 太阳系 ⊆ 本星际云 ⊆ 本地泡 ⊆ 古尔德带 ⊆ 猎户臂 ⊆ 银河系 ⊆ 银河系次集团 ⊆ 本星系群 ⊆ 室女座超星系团 ⊆ 拉尼亚凯亚超星系团 ⊆ 总星系团 ⊆ 可观测宇

宙 ⊆ 宇宙 = 我们的宇宙。

说详细一点就是：恒星和星云是最基本的天体。

太阳系中共有八大行星：水星、金星、地球、火星、木星、土星、天王星、海王星（冥王星已从行星里被开除，降为矮行星）。

除水星和金星外，其他行星都有卫星绕其运转。

地球有一个卫星：月球。

土星的卫星最多，已确认的有 17 颗。

行星、小行星、彗星、流星体，都围绕中心天体太阳运转，构成太阳系。

太阳占太阳系总质量的 99.86%，其直径约 140 万千米，最大的行星木星的直径约 14 万千米。

太阳系的大小约 120 亿千米。

有证据表明，太阳系外也存在其他行星系统。

2500 亿颗类似太阳的恒星和星际物质，构成更巨大的天体系统：银河系。

银河系中大部分恒星和星际物质集中在一个扁球状的空间内，从侧面看很像一个"铁饼"，正面看去则呈旋涡状。

银河系的直径约 10 万光年，太阳位于银河系的一个旋臂中，距银心约 3 万光年。

银河系外还有许多类似天体，称为河外星系，常简称星系。现已观测到大约有 10 亿个。

星系也聚集成大大小小的集团，叫星系团。

平均而言，每个星系团约有百余个星系，直径达上千万光年。

现已发现上万个星系团。

包括银河系在内的约 40 个星系构成的一个小星系团，叫本星系群。

若干星系团集聚在一起构成更大、更高一层次的天体系统叫超星系团。

超星系团往往具有扁长的外形，其长径可达数亿光年。

通常超星系团内只含有几个星系团，只有少数超星系团拥有几十个星系团。

本星系群和其附近的约 50 个星系团构成的超星系团，叫作本超星系团。

本超星团（超星系团）构成的丝状结构，是我们的宇宙中目前已知的最大结构。

一个典型的丝状结构的长度是 70 至 140 百万光年，丝状结构与空洞构成长城。

空洞指的是丝状结构之间的空间，空洞与丝状结构一起，是宇宙组成中最大尺度的结构。

空洞中只包含很少或完全不包含任何星系。一个典型的空洞直径大约为 11 至 150 个百万秒差距。

长城是目前所知宇宙中被观察到的最巨大非结构，其中史隆长城是目前所知最长的长城，距离地球约 10 亿光年，长达 13.7 亿光年，其次是 CFA2 长城。

天文观测范围已经扩展到 200 亿光年的广阔空间，称为总星系。

总星系团，就是我们的宇宙。

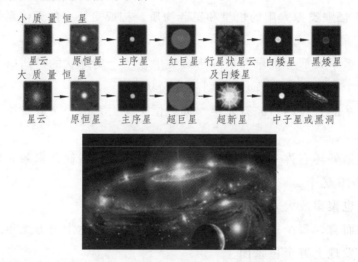

我们的宇宙，是从哪里来的？现在状况如何呢？

宇宙学家们说：我们的宇宙，大爆炸之初，物质只能以中子、质子、电子、光子和中微子等基本粒子形态存在。我们的宇宙爆炸之后，不断膨胀，温度和密度很快下降。随着温度降低、冷却，逐步形成原子、原子核、分子，并复合成为通常的气体。气体逐渐凝聚成星云，星云进一步形成各种各样的恒星和星系，最终形成我们如今所看到的宇宙。

我们的宇宙，是大爆炸而来，直到今天。

可是，今日之宇宙，已非大爆炸之初的宇宙了，而是一个正在大规模新陈代谢的宇宙。

我们的宇宙，不论多么巨大，作为一个有限的物质体系，有其产生、发展和灭亡的历史，有其新陈代谢的历程。

我们的宇宙大爆炸开始时：约 140 亿年前，体积无限小，密度无限大，温度无限高，是时空曲率无限大的点，称为奇点。

我们的宇宙的空间和时间，诞生于某种超时空。部分宇宙学家称之为量子真空(假真空)，其充满着与海森堡不确定性原理相符的量子能量扰动。

大爆炸后 10^{-43} 秒（普朗克时间）：温度约 10^{32} 度，宇宙从量子涨落背景出现，这个阶段称为普朗克时间。

此前，宇宙的密度可能超过每立方厘米 10^{94} 克，超过质子密度 10^{78} 倍。

物理学上，所有的力都是一种。此阶段，我们的宇宙已经冷却到引力可以分离出来，开始独立存在，存在传递引力相互作用的引力子。宇宙中的其他力（强、弱相互作用和电磁相互作用）仍为一体。

大爆炸后 10^{-35} 秒：温度约 10^{27} 度，暴涨期（第一推动），引力已分离，夸克、玻色子、轻子形成。

此阶段，我们的宇宙已经冷却到强相互作用分离出来，而弱相互作用及电磁相互作用仍然统一于所谓电弱相互作用。

宇宙也发生了暴涨，暴涨仅持续了 10^{-33} 秒。在此瞬间，宇宙经历了 100 次加倍（2^{100}），得到的尺度是先前尺度的 10^{30} 倍（暴涨的是宇宙本身，即空间与时间本身）。

我们的宇宙暴涨前，还在光子的相互联系范围内，可以平滑掉所有粗糙的点；暴涨停止时，我们今天所探测的东西，已经在各自小区域稳定下来。

大爆炸后 10^{-12} 秒：温度约 10^{15} 度，粒子期，质子和中子及其反粒子形成，玻色子、中微子、电子、夸克以及胶子稳定下来。

宇宙变得足够冷，电弱相互作用分解为电磁相互作用和弱相互作用。

轻子家族（电子、中微子以及相应的反粒子）需要等宇宙继续冷却 10^{-4} 秒，才能从与其他粒子的平衡相中分离出来。其中中微子一旦从物质中退耦，将自由穿越空间。原则上，我们可以探测到这些原初中微子。

温度（K）	能量（eV）	时间（秒）	时代	物理过程
10^{32}	10^{28}	10^{-44}	Planck 时代	
10^{28}	10^{24}	10^{-36}	大统一时代	
		$10^{-35,-33}$	暴胀阶段	暴胀过程
10^{13}	10^9	10^{-6}	强子时代	
10^{11}	10^7	10^{-2}	轻子时代	
10^{10}	10^6	1	中微子脱耦	中微子脱耦
5×10^9	5×10^5	5	电子对湮灭	电子对湮灭
10^9	10^5	3 分	核合成时代	轻核素生成
3×10^3	0.3	38 万年	复合时代	微波背景辐射
		4 亿年	第一代恒星生成	再电离
			星系	大尺度结构形成
2.7	3×10^{-4}	137 亿年	现代	

大爆炸后 0.01 秒：温度约 1000 亿度，光子、电子、中微子为主，质子、中子仅占 10 亿分之一，热平衡态，体系急剧膨胀，温度和密度不断下降。

大爆炸后 0.1 秒后：温度约 300 亿度，中子、质子比从 1.0 下降到 0.61。

大爆炸后 1 秒后：温度约 100 亿度，中微子向外逃逸，正负电子湮没反应出现，核力尚不足以束缚中子和质子。

大爆炸后 10 秒后：温度约 30 亿度，核时期，氢、氦类稳定原子核（化学元素）形成。

当我们的宇宙冷却到 10^9 开尔文以下（约 100 秒后），粒子转变不可能发生了，同时其他物质能量的形式（非重子暗物质和暗能量）充满了我们的宇宙。

大爆炸 35 分钟后：温度约 3 亿度，原初核合成过程停止，尚不能形成中性原子。

大爆炸 10^{11} 秒（10^4 年）后：温度约为 10^5 开尔文，我们的宇宙进入物质期。

在我们的宇宙早期历史中，光主宰着各能量形式。随着宇宙膨胀，电磁辐射的波长被拉长，相应光子能量也跟着减小。辐射能量密度与尺度（R）和体积（$4\pi R^3/3$）的乘积成反比例减小，即按 $1/R^4$ 减小；而物质的能量密度只是简单地与体积成 $1/R^3$ 反比例减小。一万年后，物质密度追上辐射密度且超越它。从这时起，我们的宇宙和它的动力学，开始为物质所主导。

大爆炸后 30 万年后：温度约 3000 度，化学结合作用使中性原子形成，宇宙主要成分为气态物质，并逐步在自引力作用下凝聚成密度较高的气体云块，直至恒星和恒星系统。

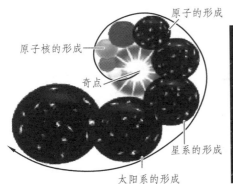

在我们的宇宙中，量子真空在暴涨期达到全盛，之后便以暗能量的形式弥漫于全宇宙，且随着物质和辐射密度迅速减小，暗能量越来越明显。

暗能量，可能占据我们的宇宙的总能量密度的 2/3，而且还在推动我们的宇宙加速膨胀。

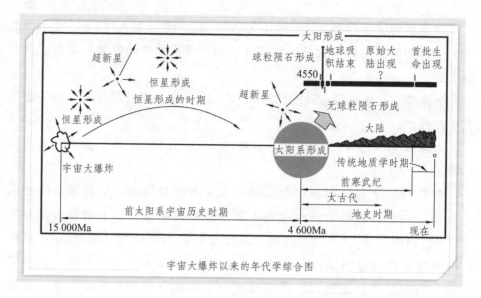

宇宙大爆炸以来的年代学综合图

天文学家指出，大爆炸必然会发生，原因是：我们的宇宙的"虚空"，本质上是不稳定的。在量子力学的尺度，我们的宇宙的空间将不稳定，不再显示平滑和连续。空间和时间失去稳定性，混杂形成时空的泡沫，微小的时空泡可以自发形成。量子化的时空产生涨落，宇宙产生于"虚空"。时空的涨落，必然会出现大爆炸。

在我们的宇宙中，暗能量占据宇宙全部物质的 74%，是我们的宇宙加速膨胀的推手。

我们的宇宙的膨胀进程，处于两种相克的力量平衡之中。其中的一种力量是引力，它们的作用使膨胀减速；而另一种强大的反制力量则是暗能量，它使宇宙加速膨胀。

目前我们的宇宙中，暗能量更居主导地位。

我们的宇宙中，可见物质远远不足以把宇宙连成一片。如果不是暗物质，我们的宇宙中的星系早就分崩离析了。

暗物质是促使我们的宇宙膨胀时，在自身引力下形成特定结构的首要物质类型。

现代的天文观测表明：我们的宇宙还在做加速膨胀运动，我们的宇宙的大爆炸历程，仍在继续。

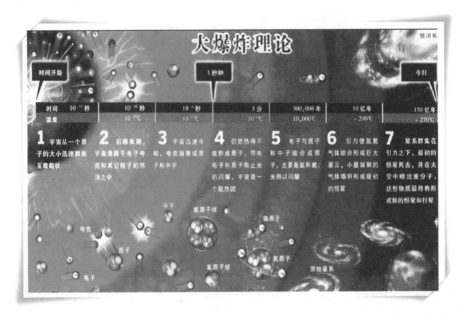

诺贝尔奖获得者布莱恩·施密特指出：**"物质与物质之间的空间正在加大。"**

2011 年，布莱恩·施密特和他的同事利用"超新星"作为"宇宙探测器"，发现我们的宇宙在加速膨胀，获得了当年的诺贝尔物理学奖。

现在，科学研究人员计算出，目前我们的宇宙的膨胀速度，即所谓哈勃常数，约为 73.2 公里/（秒·百万秒差距）。每百万秒差距相当于 326 万光年。因此一个星系与地球的距离每增加百万秒差距，其远离地球的速度每秒就增加 73.2 公里。这意味着，在 98 亿年内，在我们的宇宙中，天体间的距离将扩大一倍。

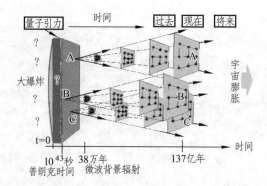

如此这般，我们的宇宙在膨胀中，结局又会如何呢？也就是说，我们的宇宙，要到哪里去呢？

有学者从热力学谈我们的宇宙的未来。

有热力学学者认为：热力学定律不会让我们的宇宙获得永生，新的恒星无法继续形成时，我们的宇宙就会抵达热寂平衡点，我们的宇宙的状态，就会如同诞生之初的那一碗汤状时空。热寂是热力学上的终点，那时我们的宇宙的任何一处的温度，都将仅仅比绝对零度高一些，没有东西会幸存下来。

这样的观点，是在说：未来我们的宇宙将会停止一切新陈代谢，我们的宇宙会"死寂"。

对此，**笔者以为：我们怎么能够仅仅用一个物理定律看待我们的宇宙呢？**

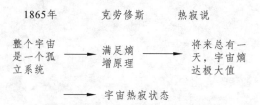

有宇宙学家认为：如果我们的宇宙能量密度等于或者小于临界密度，膨胀会逐渐减速，但永远不会停止。恒星形成，会因各个星系中的星际气体都被逐渐消耗，而最终停止。恒星演化，最终导致只剩下白矮星、中子星和黑洞。相当缓慢地，这些致密星体彼此的碰撞，会导致质量聚集，而陆续产生更大的黑洞。宇宙的平均温度会渐近地趋于绝对零度，从而达到所谓大冻结。倘若质子真像标准模型预言的那样是不稳定的，重子物质最终也会全部消失，宇宙中只留下辐射和黑洞，而最终黑洞也会因霍金辐射而全部蒸发。宇宙的熵会增加到极点，以至于再也不会有自组织的能量形式产生，最终宇宙达到热寂状态。

对此，笔者认为：这样的观点，看到了我们的宇宙天体会散发能量，却没有注意到我们的宇宙也是可以聚集物质与能量的。这样的观点，做一下逻辑推理无害，但看看也就可以了。

有少部分科学家认为：我们的宇宙结局是大坍缩。所有的物质，最终都会变成原子状态。再经过一次偶然的量子涨落，新一轮的大爆炸又形成了，下一个宇宙诞生。

对此，笔者以为：这种看法很有意思。据此看来，我们的宇宙会进行永无止境的新陈代谢的循环。这样的观点，可以参考。

宇宙演化图

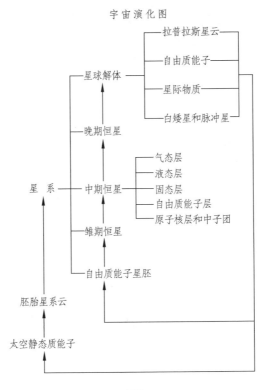

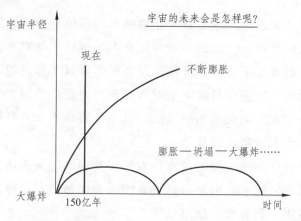

笔者认为，我们的宇宙充满了矛盾，旧矛盾解决了，新矛盾自然会产生。我们的宇宙，会在无数的矛盾中进行新事物与旧事物的新陈代谢，永无止境。

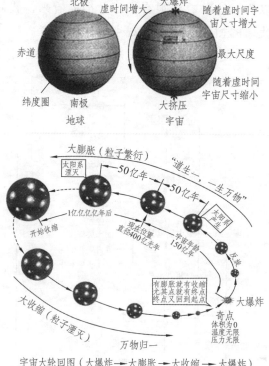

宇宙大轮回图（大爆炸━━→大膨胀━━→大收缩━━→大爆炸）

有一点可以帮助我们去想一想我们的宇宙的未来：既然我们的宇宙起

初是一个奇点，那**我们的宇宙无论未来如何演化，再演化为一个奇点，是可能的。**

我们的宇宙的新陈代谢，应该是可以循环的。我们这个世界，产生了一个奇点，大爆炸出了我们的宇宙。当我们的宇宙停止大爆炸以后，会把一切的一切收缩为一个奇点。如此循环，周而复始。新陈代谢，才是我们的宇宙存在的常态。

参考资料

1.《宇宙外面是什么》，凤凰网，2014-06-23。

2.《探秘宇宙大爆炸！》，科普中国，2016-01-19。

3.《美发现宇宙大爆炸证据》，网易网，2014-03-19。

4.《庄子哲学：本体论》，庄子系列主题阅读，2010-01-01。

5.《我们看到了宇宙诞生的最初瞬间》，果壳网，2014-05-23。

6.《普朗克卫星修正宇宙年龄：138.2 亿年》，科学人，2013-03-22。

7.《科学家发现黑洞可能不是"只进不出"》，环球网，2016-02-26。

8. 郑文光、席泽宗：《中国历史上的宇宙理论》，北京：人民出版社，1975 年。

9.《哈勃望远镜找到宇宙间近一半隐藏物质》，新华网，2008-05-22。

10.《宇宙到底有多大？可视直径至少 920 亿光年》，腾讯科学，2014-04-18。

11.《科学家发现动态暗能量线索，引发宇宙加速膨胀》，搜狐网，2013-01-23。

12.《美科学家称已证明黑洞不存在，或摇动大爆炸理论》，网易网，2014-09-28。

13. [美]威廉·H.沃勒、保罗·W.霍奇著，帅且兴译：《星系与星际边缘》，外语教学与研究出版社，2009 年。

六、用新陈代谢的哲学思维看太阳演化

我们的宇宙自大爆炸以来，不断新陈代谢，创造了数千亿个星系，而我们生活于其中一个叫作银河系的星系，又在自己的新陈代谢的演化中创造了数千亿个恒星，其中一个我们生活于其中的恒星叫作太阳系。

我们的太阳系，就在银河系之中。

银河系（The Milky Way Galaxy）（别名银汉、天河、银河、星河、天汉等），是我们的宇宙数千亿个星系中的一个，是我们的太阳系所在的棒旋星系，包括 1000～4000 亿颗恒星和大量的星团、星云以及各种类型的星际气体和星际尘埃。

从我们的地球看，银河系呈环绕天空的银白色的环带。银河系总质量约为太阳的 2100 亿倍，属于本星系群。距离我们的银河系最近的河外星系，是距离银河系 254 万光年的仙女星系。

我们的银河系呈扁球体，有巨大的盘面结构，由明亮密集的核心、两条主要的旋臂和两条未形成的旋臂组成。太阳位于银河的一个支臂猎户臂上，至银河中心的距离大约是 2.6 万光年。

银河系的中央，是超大质量的黑洞。

银河系自内向外分别由银心、银核、银盘、银晕和银冕组成。

银河系中央区域，多数为老年恒星，以白矮星为主，外围区域多数为新生和年轻的恒星。

银河系周围几十万光年的区域，分布着十几个卫星星系，其中较大的有大麦哲伦星云和小麦哲伦星云。

银河系通过缓慢地吞噬周边的矮星系使自身不断壮大。

我们的银河系里，大多数的恒星集中在一个扁球状的空间范围内。扁球体中间突出的部分叫"核球"，半径约为 7000 光年。核球的中部叫"银核"，四周叫"银盘"。在银盘外面有一个更大的球状区域，那里恒星少，密度小，被称为"银晕"，直径为 7 万光年。

我们的银河系的 90% 的物质为恒星。银河系里面的恒星种类繁多。最年轻的极端星族 I 恒星，主要分布在银盘里的旋臂上；最年老的极端星族 II 恒星，主要分布在银晕里。

银河系里面的恒星常聚集成团。我们的银河系里，已发现了一千多个星团。

我们的银河系里，还有气体、尘埃，其含量约占银河系总质量的 10%。气体和尘埃的分布不均匀，有的聚集为星云。

20 世纪 60 年代以来，科学家们在我们的银河系发现了大量的星际分子（如，一氧化碳、水等）。

分子云，是我们的银河系的恒星形成的主要场所。

我们的银河系的核心部分，即银心或银核，发出很强的射电辐射、红外辐射、X 射线辐射和 γ 射线辐射。那里可能有一个巨型黑洞，据估计，其质量可能达到太阳质量的 250 万倍。

我们的银河系，直径约 10 万光年，也有自转。

我们的太阳系，以 250 千米/秒的速度围绕银河中心旋转，旋转一周约 2.2 亿年。

我们的银河系，有两个伴星系：大麦哲伦星系和小麦哲伦星系。

我们的银河系内围的恒星集群年龄较大，外围的恒星则更加年轻。由此，人们推测银河系的形成过程从内部开始，逐渐演化到 10 万光年以上的直径。

科学家发现，我们的银河系在成长过程中吞并了许多小星系，有来自其他星系的天体汇入了我们的银河系的内部。

史蒂芬·霍金声称自己的观测表明：我们的银河系中心，是一个巨大的黑洞。

科学家们根据已知长寿命放射性核的衰变时间（即半衰期），从某些放射性中子俘获元素的丰度数据，测定银河系中最古老恒星的年龄，从而定出我们的银河系的年龄。例如，钍的半衰期是 130 亿年左右。科学家们用当代最大的天文望远镜，加上高分辨率光谱仪，已经能够检测到恒星的钍，估算星系的年龄。

科学家们根据多种方法测定，从我们的宇宙大爆炸算起，宇宙的年龄在 140 亿年左右。

依据欧洲南天天文台(ESO)的研究报告，估计我们的银河系的年龄约为 136 亿岁，差不多与我们的宇宙一样古老。

我们的银河系，是我们的宇宙新陈代谢产生的一个星系。

我们的银河系，经过的主要星座有：天鹅座、天鹰座、狐狸座、天箭座、蛇夫座、盾牌座、人马座、天蝎座、天坛座、矩尺座、豺狼座、南三角座、圆规座、苍蝇座、南十字座、船帆座、船尾座、麒麟座、猎户座、金牛座、双子座、御夫座、英仙座、仙后座和蝎虎座。

我们的宇宙，全天 88 星座。

北天拱极星座：小熊座、大熊座、仙王座、仙后座、天龙座。

北天星座：仙女座、英仙座、武仙座、蝎虎座、鹿豹座、狐狸座、御夫座、牧夫座、猎犬座、小狮座、后发座、北冕座、天猫座、天琴座、天鹅座、天箭座、海豚座、飞马座、三角座。

黄道十二星座：白羊座、金牛座、双子座、巨蟹座、狮子座、处女座、天秤座、天蝎座、人马座、摩羯座、宝瓶座、双鱼座。

赤道带星座：小马座、小犬座、天鹰座、蛇夫座、巨蛇座、长蛇座、六分仪座、麒麟座、猎户座、鲸鱼座。

南天星座：天坛座、天燕座、天鹤座、天鸽座、天兔座、天炉座、绘架座、唧筒座、雕具座、望远镜座、显微镜座、矩尺座、圆规座、时钟座、山案座、印第安座、飞鱼座、剑鱼座、苍蝇座、蝘蜓座、杜鹃座、乌鸦座、凤凰座、孔雀座、水蛇座、豺狼座、大犬座、南三角座、南十字座、南鱼座、南极座、南冕座、船底座、船尾座、罗盘座、网罟座、船帆座、玉夫座、半人马座、波江座、盾牌座、巨爵座。

 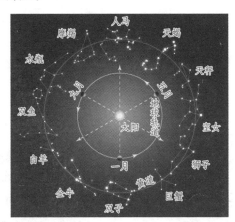

我们的太阳系,位于一条叫作猎户臂的旋臂上,距离银河系中心约2.64万光年,逆时针旋转,绕银心旋转一周约需要2.2亿年~2.5亿年。

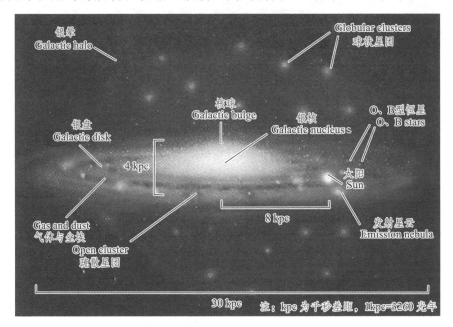

我们的太阳系,位于猎户座旋臂靠近内侧边缘的位置上,在本星际云

（Local Fluff）中，距离银河中心7.94±0.42千秒差，距我们所在的旋臂与邻近的英仙臂大约相距6500光年。我们的太阳系，正位于所谓的银河生命带。

我们的太阳，在银河系内游历的路径，基本上是朝向织女座，靠近武仙座的方向，偏离银河中心大约86度。太阳环绕银河的轨道，大致是椭圆形的，受到旋臂与质量分布不均匀的扰动会有些变动。我们的太阳，当前在接近近银心点（太阳最接近银河中心的点）1/8轨道的位置上。

我们的太阳系，大约每2.25亿年～2.5亿年在轨道上绕行一圈，为一个银河年。

我们的太阳系，是我们的银河系新陈代谢产生的一个恒星系统。

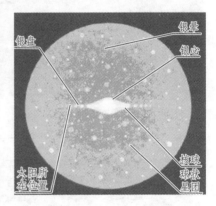

我们的太阳系，位于我们银河系的星系内。我们的太阳，位居我们的银河外围的一条旋臂上，称为猎户臂或本地臂。我们的太阳距离银心25000至28000光年，在银河系内的运行速度大约是220千米/秒。因此，我们环绕银河公转一圈，需要2亿2千5百万至2亿5千万年，这就是我们的银河年。

我们的太阳系在银河中的位置，是我们的地球上能发展出生命的一个很重要的因素。

这个轨道非常接近圆形，并且和旋臂保持大致相同的速度，这意味着我们相对旋臂是几乎不动的。因为我们的这个旋臂，远离了有潜在危险的超新星密集区域，使我们的地球长期处在稳定的环境之中，才得以发展出我们这些地球生命。

我们的太阳系也远离了银河系恒星拥挤群聚的中心。如果我们的太阳系接近我们的银河系中心之处，邻近恒星强大的引力对奥尔特云产生的扰动，会将大量的彗星送入我们的内太阳系，导致与我们的地球碰撞，危害到在发展中的生命。银河中心强烈的辐射线，也会干扰到复杂的生命发展。

即使在我们的太阳系所在的位置，有科学家认为：在 35 000 年前，曾经穿越过超新星爆炸所抛射出来的碎屑，朝向我们的太阳而来，还有强烈的辐射线，以及小如尘埃、大至类似彗星的各种天体，也曾经危及到我们地球上的生命。

我们的太阳系所在的位置，在我们的银河系中，恒星疏疏落落，这个区域，是一个形状像沙漏，气体密集而恒星稀少，直径大约 300 光年的星际介质，是我们的本星系泡的区域。

我们的这个气泡，充满高温等离子，这是由最近的一些超新星爆炸产生的。

在距离我们的太阳 10 光年（94.6 万亿千米）内，只有少数几颗的恒星：
最靠近我们太阳系的是距离 4.3 光年的三合星，半人马座 α；

半人马座 α 的 A 与 B 靠得很近，且与我们的太阳相似，而 C（也称为半人马座比邻星）是一颗小的红矮星，以 0.2 光年的距离环绕着这一对双星；

距离我们的太阳 6 光年远的是巴纳德星；

距离我们的太阳 7.8 光年远的是沃夫 359，8.3 光年远的是拉兰德 21185。

在我们的太阳 10 光年的距离内，最大的恒星是距离 8.6 光年的一颗蓝巨星天狼星，它的质量约为我们的太阳的 2 倍，有一颗白矮星（天狼 B 星）绕着其公转。

在我们的太阳 10 光年范围内，还有距离 8.7 光年，由两颗红矮星组成的鲸鱼座 UV，以及距离 9.7 光年，孤零零的红矮星罗斯 154。

与我们的太阳相似，且最接近我们的单独恒星，是距离 11.9 光年的鲸鱼座 τ，其质量约为我们的太阳的 80%，但光度只有我们的太阳的 60%。

现在，我们已经知道：**我们的宇宙 130 多亿年前的新陈代谢，产生了我们的银河系；我们的银河系 130 多亿年的新陈代谢，产生了我们的太阳系。**

我们来看看我们的太阳系的新陈代谢吧。

我们的太阳系目前都有一些什么呢？

我们的太阳系，是以太阳为中心和所有受到太阳的引力约束的天体的集合体。

我们的太阳系，包括八大行星（由离太阳从近到远的顺序，分别为：水星、金星、地球、火星、木星、土星、天王星、海王星），以及至少 173 颗已知的卫星、5 颗已经辨认出来的矮行星和数以亿计的太阳系小天体。

太阳系行星列表

国际命名	中文名称	发现日期	分类	卫星	行星环	备注
Mercury	水星	史前	类地行星	0	0	最小的行星
Venus	金星	史前	类地行星	0	0	最亮的行星
Earth	地球	—	类地行星	1	0	最大的类地行星、目前已知唯一存在生命的天体
Mars	火星	史前	类地行星	2	0	曾经有过磁场、液态水
Jupiter	木星	史前	类木行星	69	3	最大的行星
Saturn	土星	史前	类木行星	62	13	有最宽的行星环
Uranus	天王星	1781 年 3 月 13 日	类木行星	27	13	横躺着公转
Neptune	海王星	1846 年 9 月 23 日	类木行星	13	5	最远的行星

轨道环绕太阳的天体被分为三类：行星、矮行星和太阳系小天体。

行星，是环绕太阳且质量够大的天体。

能称为大行星的天体有 8 个：水星、金星、地球、火星、木星、土星、天王星、海王星。

在 2006 年 8 月 24 日，第 26 届国际天文联合会在捷克首都布拉格举行，重新定义行星，首次将冥王星排除在大行星外，并将冥王星、谷神星和阋神星组成新的分类：矮行星。

矮行星不需要将邻近轨道附近的小天体清除掉，其他可能成为矮行星的天体，还有塞德娜、厄耳枯斯和创神星。

从 1930 年冥王星第一次被发现，到 2006 年，冥王星被当成太阳系的第九颗行星。

在 20 世纪末期和 21 世纪初，许多与冥王星大小相似的天体，在我们的太阳系内陆续被发现，特别是阅神星，更被明确地指出比冥王星大（据 2015 年"旅行者"发回的数据显示，阅神星仍然比冥王星大），使冥王星的地位受到严重威胁。

环绕太阳运转的其他天体，都属于太阳系小天体。

卫星（如月球之类的天体），由于不是环绕太阳而是环绕行星、矮行星或太阳系小天体，所以不属于太阳系的小天体。

天文学家在太阳系内，以天文单位（AU）来测量距离。

1AU 是地球到太阳的平均距离，大约是 1.5 亿千米（9300 万英里）。

冥王星与太阳的距离大约是 39AU，木星则约是 5.2AU。

最常用于测量恒星距离的长度单位是光年，1 光年大约相当于 63 240 天文单位。

行星与太阳的距离，以公转周期为周期变化着，最靠近太阳的位置称为近日点，距离最远的位置称为远日点。

科学家们将太阳系非正式地分成几个不同的区域："内太阳系"，包括四颗类地行星和主要的小行星带；其余的是"外太阳系"，包含小行星带之外所有的天体。

太阳与八大行星数据表（顺序以距离太阳由近而远排列）

项目	赤道半径 (km)	偏率 (°)	赤道重力(地球比值(G))	体积(地球比值)	质量(地球比值)	比重(地球比值)	轨道半径(地球比值)	轨道倾角 (°)	赤道倾角 (°)	公转周期(地球日/年)	自转周期(地球日)	已知卫星数量
太阳	696 000	0.00	28.01G	1304000	333400	1.44	—	—	7.25	$2.26*10^8$ 年	25.38 天/37.01 天	—
水星	2 440	0.00	0.38G	0.056	0.055	5.43	0.387	7.005	~0	88 天	59 天	0
金星	6 052	0.00	0.91G	0.857	0.815	5.24	0.723	3.395	177.4	225 天	243 天	0
地球	6 378	0.003	1.00G	1.00	1.000	5.52	1.000	0.000	23.44	365 天	24h	1
火星	3397	0.005	0.38G	0.151	0.107	3.93	1.523	1.850	25.19	687 天	24h37m	2
木星	71 492	0.065	2.48G	1321	317.832	1.33	5.202	1.303	3.08	11.86 年	9h50m	69
土星	60268	0.107	0.94G	755	95.16	0.69	9.554	2.489	26.7	29.462 年	10h4m	62
天王星	25559	0.023	0.89G	63	14.54	1.27	19.22	0.773	97.9	84.01 年	24h	27
海王星	24764	0.017	1.11G	58	17.15	1.64	30.11	1.770	27.8	164.82 年	16h06m	13

水星：最靠近太阳，表面温度很高，太空船不易接近，在地球上也不容易观测，可观测的时间都集中在清晨太阳出来的前几分钟和夕阳落下后的几分钟。

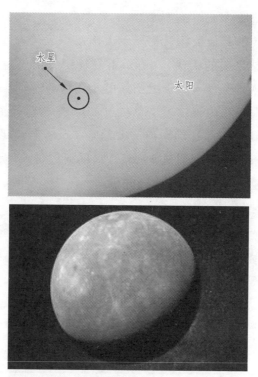

水星最靠近太阳，运行的速度比其他行星都快，每秒的速度接近 48 千米，不到 88 天就公转太阳一周。

水星非常小，由岩石构成，表面布满被流星撞击而形成的环形山和坑洞，另外有平滑、稀疏的坑洞平原。

水星表面还有山脊，这是行星在 40 亿年前核心逐渐冷却与收缩所形成的，起伏不平。

水星自转的速度非常缓慢，自转一周近 59 个地球日。水星的一个太阳日（从日出到另一个日出）差不多要 176 个地球日，相当于水星一年 88 日的两倍长。

水星的表面温差极大，向阳面高达摄氏 430 度，阴暗面则在摄氏零下 170 度。当黑夜降临时，由于水星几乎没有大气层，温度下降很快。大气成分包括由太阳风所捕捉到的微量氦和氢，或许还有一点其他的气体。

　　金星：是我们太阳系的第二颗行星，是全天区最亮的行星，通常在清晨或傍晚才看得到。

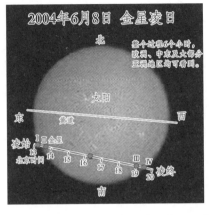

　　金星最亮时的亮度可超过-4，如一盏挂在山边的路灯，一般的望远镜即可观测，常可看到如月球的盈亏现象。

　　金星在绕太阳公转的同时，也缓慢地反方向自转，其在太阳系中自转周期最长，大约需 243 个地球日。

　　金星比地球稍微小一点，内部构造也类似。

　　金星是除了太阳与月球外，天空中最亮的天体，它的大气层能强烈反射阳光。

　　金星大气层的主要成分是二氧化碳，能在温室效应下吸收更多的热，是我们太阳系中最热的行星，表面高温可达摄氏 480 度。

　　金星云层内含有硫酸的小滴，金星的风以每小时接近 360 千米的速度吹向行星各处。

　　高温、酸云、极高的大气压力（大约是地球表面的 90 倍），造成金星的表面环境恶劣。

　　地球：是太阳系中直径最大和比重最大的岩石行星，是目前已知唯一有生命存在的星球。

　　我们美丽的地球，有生命的奇迹。地球是我们太阳系的第三颗行星，有一卫星称为月球，地球大气层的保护及距离太阳位置的适当，是地球生命起源的重要条件。

地球的岩石由典型的板块组成，由于板块推挤，交界处会发生地震和火山等活动。

地球的大气层能阻挡来自宇宙、太阳的有害人体的辐射，防止流星撞击行星表面，积存足够的热来防止气温急剧下降。

地球表面，有百分之七十为水所覆盖，而其他行星的表面都未发现这类液态形式的水。

地球有一个天然卫星月球，它的表面布满了大大小小的环形山。月球大得足以把这两个天体视为一个双行星系统。

地球有地磁场，现在的地磁场的南北极与地理南北极正好相反，地磁场保护着地球上的生命。

火星：是太阳系第四个行星。

在晴朗的夜空里，火星闪着火色的光芒。十万年前有一颗来自火星的岩石，坠落于地球的南极区后被冰封。后来，人们在此陨石里发现了可能是生命所留下的痕迹化石，这化石是三十亿年前在火星上形成的。科学家们正积极地研究，并探测这颗表面充满河道及火山的星球，是否曾经有过生命。

火星是太阳系中第二小的行星，直径约为地球的二分之一，体积约为

地球的十分之一，表面重力约地球的三分之一。

火星的大气层比地球稀薄，只有地球大气层的百分之一，主要成分是二氧化碳。

火星有少量的云层和晨雾。由于大气层很稀薄，温室效应不明显。火星赤道地表白昼最高温度可达 27 ℃，夜晚最低温度可至 −133 ℃。

火星的北半球，有许多由凝固的火山熔岩所形成的大平原；南半球，有许多环形山与大的撞击盆地，还有几个大的、已熄灭的火山，例如奥林帕斯山，宽 600 千米，还有许多峡谷和分岔的河床。

火星峡谷，是地壳移动所造成的；火星河床，一般认为是干涸的河流形成的。

火星高纬度的地方，冬天时由于温度太低，大气中的二氧化碳会冻结，在五十千米高的地方形成云，到了春天便消失。夏天，由于日照强烈，地面温度很高，地面附近的大气因受热而产生强劲的上升气流。这股气流会将地面的灰尘往上卷，在空中吸收阳光的热而进一步提高大气的温度，使上升的速度增快，因此火星上常可看到大规模的暴石砂。

火星上最大的火山是奥林帕斯山，高出地面 24 千米，几乎是地球上最高山珠穆朗玛峰（约 8844 米）的 3 倍，同时也是太阳系中最高的山。

木星：太阳系第五颗行星，是整个太阳系中最大的行星。

木星位于火星与土星之间，用一般的天文望远镜（60 mm 72 倍）即可看到它表面的条纹及四颗明亮的卫星，是全天第二亮的行星，仅次于金星。木星的亮度，最高可超过 −2。

木星是距离太阳第五远的行星，是四大气体行星中的第一个，是最大且重的行星，直径有地球的 11 倍，质量是其他几个行星总和的 2.5 倍。

木星可能有小的石质核心，四周由金属氢（液态氢，性质如同金属）构成内地幔。内地幔的外面，由液氢和氦构成外地幔。

木星的快速自转，使大气层中的云形成带状与区层，稳定的乱流形成白与红斑等特别的云，这两种都是巨大的风暴。最有名的云，是一个被称为大红斑的风暴，比地球宽三倍。

木星有一个薄、暗的主环，里面有个由朝向行星延伸的微粒所形成的稀薄光环。

截至 2013 年，已知木星有 66 个卫星。

木星四个最大的卫星（称为伽利略木卫）是：甘尼八德、卡利斯、埃欧、欧罗巴。

甘尼八德、卡利斯多表面有许多坑洞，或许还有冰。

欧罗巴表面表滑，有冰，或许还有水。

埃欧表面有许多发亮的红色、橘色和黄色的斑点。这些颜色来自活火山的硫磺物质，由喷出表面高达数百千米的绒毛状熔岩所造成。

土星：太阳系第六颗行星，是体积第二大的行星，有着美丽的环，在地球上用一般的望远镜即可看见。土星、木星、天王星和海王星表面都是气体，自转都相当快。土星的环，主要由冰、尘粒构成。

2007年12月29日凌晨土星合月

狮子座

土星

轩辕十四

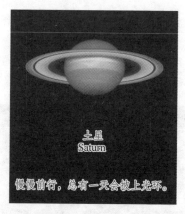

土星
Saturn

慢慢前行，总有一天会披上光环。

土星的环平面，与土星公转面不在同一个平面上。

当土星公转至某一位置时，土星的环平面刚好与我们的视线平行，我们在地球上便无法看到土星环。因为土星环实在太薄了，我们无法从侧面看到。

当土星环与太阳光平行时，因环平面没有受光，我们也无法看到。

土星，从太阳算起是第六颗行星，几乎和木星一样大，气体巨星，赤道直径约 120 500 千米。

土星可能有一个岩石与冰构成的小核心，周围是金属氢（液态氢，性质如同金属）。外面由液态氢构成，融合成为气态的大气层。

土星的云层，形成带状与区层，颇似木星。由于外层的云薄，显得较模糊。风暴和漩涡发生在云中，看起来为红或白色椭圆。

土星有一个极薄但却很宽的环状系统，厚不到一千米，从行星表面朝外延伸约 420 000 千米。土星主环，包括数千条狭窄的细环，由小微粒和大到数米宽的冰块构成。

已发现土星有 62 颗卫星，其中有些在光环内运行。

天王星：太阳系第七颗行星，有如土星一样美丽的环。是我们人类用肉眼所能看到的最远的行星。

天王星自转的倾斜度很大。

太阳有时全天都照在天王星的北极上，而这时天王星的南半球就全天黑暗。

天王星表面发出带有白色的蓝绿光彩，大气可能含有很多甲烷。

天王星的直径约为地球的四倍，质量约为地球的十四倍，密度不及地球的四分之一，以氢、氦等气体为主要成分。

天王星的赤道上空有九条环，合起来的宽度约十万千米，大约为土星环的三分之一。

天王星的环之构造及成分，与土星及木星的环大不相同：土星环是由几千条环夹着很狭窄的空隙形成的，而天王星的九条环却彼此都隔得很远。九条环中内侧的八条宽约十几千米，最外侧的一条则宽达一百千米以上。

海王星：太阳系第八颗行星，有八颗卫星。

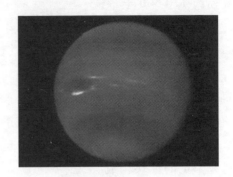

海王星表面主要由气体组成，有类似木星表面的大红斑风暴云。这个大风暴约是木星大红斑的一半，容得下整个地球。

海王星有环，只是比天王星的更细小。

海王星，是离太阳最远的行星，平均距离为45亿千米。

海王星是一个巨大的气体行星，有小的石质核心，周围由液态与气态的混合体组成。

海王星大气层内的云有显著大、小黑斑，都是巨大的风暴，以每小时2 000千米的速度吹遍整个行星。速克达是范围很广的卷云。

海王星有四个稀薄的环和八颗卫星。

崔顿，是海王星最大的卫星，也是太阳系中最冷的星体，温度在摄氏零下235度。有别于太阳系中大部分的卫星，崔顿以海王星自转的反方向绕其母行星运行。

海王星的四个又窄且暗的细环，由微小的陨石猛烈撞击海王星的卫星所造成的灰尘微粒形成。

我们的太阳系，以太阳为中心，靠太阳的引力约束了众多天体的集合体：8颗行星、至少173颗已知的卫星；几颗已经辨认出来的矮行星——冥王星、谷神星、阋神星（齐娜）、妊神星和鸟神星；数以亿计的太阳系小天体——这些小天体包括小行星带天体、柯伊伯带天体、彗星和星际尘埃。

我们的太阳系有四颗像地球的类地行星、由许多小岩石组成的小行星带、四颗充满气体的类木行星、充满冰冻小岩石被称为柯伊伯带的第二个小天体区。在柯伊伯带之外，还有黄道离散盘面、太阳圈，有依然属于假设的奥尔特云。

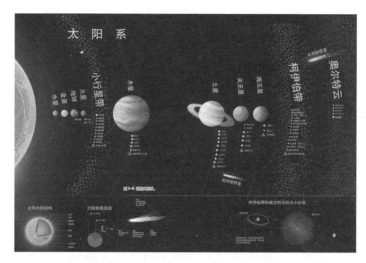

太阳系内主要天体的轨道，都在地球绕太阳公转的轨道平面（黄道）的附近。行星都非常靠近黄道，而彗星和柯伊伯带天体，通常都有比较明显的倾斜角度。

由北方向下鸟瞰太阳系，所有的行星和绝大部分的其他天体，都以逆时针（左旋）方向绕着太阳公转。然而也有例外的，如哈雷彗星。

环绕着太阳运动的天体，都遵守开普勒行星运动定律，轨道都是以太阳为焦点的一个椭圆，并且越靠近太阳时速度越快。

行星的轨道接近圆形。

许多彗星、小行星和柯伊伯带天体的轨道是高度椭圆的，甚至会呈抛物线型。

我们无可选择地生活于我们的太阳系之中。

我们都有一个愿望，即想知道我们的太阳系从何而来。

关于我们的太阳系的来历，科学家们普遍认为：我们的太阳系是在 46 亿年前，在一个巨大的分子云的塌缩中形成的。我们的太阳系，是由一个原始星云演化而来的一个新事物。

而这个原始星云，则是由一个超新星爆发演化而来的新事物。

星云假说主张：我们的太阳系，在一巨大的数光年跨度的分子云的碎片引力塌陷的过程中形成。

人们曾经认为，我们的太阳系是在相对孤立的环境中形成的。

但是，科学家们对古陨石的研究发现：短暂的同位素（如铁-60）的踪迹，只能在爆炸及寿命较短的恒星中形成。这说明，在我们的太阳系形成的过程中，附近发生了若干次超新星爆发。其中一颗超新星的冲击波，可能在分子云中造成了超密度区域，导致了这个区域塌陷，从而触发了我们的太阳系的形成。

只有大质量、短寿恒星，才会产生超新星爆发。

我们的银河系，经历了 100 多亿年的演化，在 46 亿年以前的时间段里面，已经产生并经历了许许多多次的超新星爆发。

正是超新星的爆发，给我们的太阳系的原始星云，提供了各种各样的重元素。

我们的太阳系的原始星云，就是银河系演化与超新星爆发共同创造的一个新事物。

超新星爆发，是某些恒星在演化接近末期时，经历的一种剧烈爆炸。

超新星爆炸极其明亮，突发的电磁辐射，经常能够照亮其所在的整个星系，并可持续几周至几个月（一般最多是两个月），才会逐渐衰减，变为不可见。

在这段时间内，一颗超新星所辐射的能量，可以与我们的太阳一生中辐射能量的总和相当。

恒星通过爆炸，会将其大部分甚至几乎所有物质，以可高至十分之一光速的速度向外抛散，并向周围的星际物质辐射激波。

这种激波，会导致形成一个膨胀的气体和尘埃构成的壳状结构，这就是超新星遗迹。

质量大于 8 倍我们的太阳质量的恒星，由于质量巨大，在演化到后期时，核心区硅聚变产物"铁-56"积攒到一定程度时，往往会发生大规模的爆发。这就是超新星爆发。

从新陈代谢的视野来看，超新星爆发事件就是一颗大质量恒星的"暴死"，即旧事物的死亡，却在准备新事物的诞生。

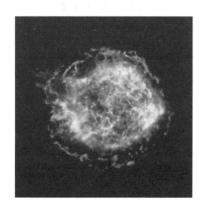

在我们的银河系和许多河外星系中，科学家们都已经观测到了超新星，总数达到数百颗。在历史上，人们用肉眼直接观测到并记录下来的超新星，只有6颗。

据科学家们估算，在如我们的银河系大小的星系中，超新星爆发的概率，约为50年一次，它们为星际物质提供丰富的重元素。

超新星爆发产生的激波，也会压缩附近的星际云，这是新恒星诞生的重要启动机制。

超新星爆发，是旧星星的死亡，更是新星星的产生。

恒星从中心开始冷却，它没有足够的热量平衡中心引力，结构上的失衡就使整个星体向中心坍缩，造成外部冷却而红色的层面变热，如果恒星足够大，这些层面就会发生剧烈的爆炸，产生超新星。

大质量恒星爆炸时，光度可突增到我们的太阳光度的上百亿倍，相当于我们整个银河系的总光度。

恒星爆发的结果：

恒星解体为一团，向四周膨胀扩散，最后弥散为星际物质，结束恒星的演化史。

外层解体，成为向外膨胀的星云；中心遗留下部分物质，坍缩为一颗高密度天体，进入恒星演化的晚期和终了阶段。

中国古代天文学家观测到的1054年爆发的超新星，被国际上命名为中国超新星。

在一个星系中，超新星是罕见的天象。

但在星系世界内，每年却都能观测到几十颗。

1987年2月23日，一位加拿大天文学家在大麦哲伦星云中发现了一颗超新星，这是自1604年以来第一颗用肉眼能看到的超新星，这颗超新星被命为"1987A"。

从1604年以来，在我们的银河系中，没有再次观测到超新星。

不同原初质量和金属丰度的核塌缩超新星

塌缩原因	前身星原初质量	超新星类型	残存天体
氧、氖、镁核心电子俘获	8–10	弱 II-P 型	中子星
铁核心塌缩	10–25	弱 II-P 型	中子星
	25–40 低金属丰度或者近太阳金属丰度	普通 II-P 型	形成中子星后，部分包层回落形成黑洞
	25–40 非常高金属丰度	II-L 型或者 II-b 型	中子星
	40–90 低金属丰度	JetSN（喷流动力超新星）	直接形成黑洞
	40–60 近太阳金属丰度	弱 Ib/c 型，或者 JetSN + GRB（伽马射线暴）	形成中子星后，部分包层回落形成黑洞
	40–60 非常高金属丰度	Ib/c 型	中子星
	60–90 近太阳金属丰度	JetSN + GRB	直接形成黑洞
	60–90 非常高金属丰度	GRB，无超新星	形成中子星后，部分包层回落形成黑洞
	90–140 低金属丰度	高光度 JetSN + GRB	直接形成黑洞
	90–140 近太阳金属丰度	GRB，无超新星	直接形成黑洞
不稳定对	140–250 低金属丰度	不稳定对超新星	无任何残存
光致蜕变	≥250 低金属丰度	超长 GRB，或者兼有超高光度 JetSN	直接形成中等质量黑洞

一颗恒星的质量很大，其本身的引力就可以把硅融合成铁。

因为铁原子的比结合能，已经是所有元素中最高的。

铁融合不会释放能量，反而会消耗能量。

当铁核心的质量到达钱德拉塞卡极限，就会即时衰变成中子并塌缩，释放出大量携带着能量的中微子。中微子将爆发的一部分能量，传到恒星的外层。

当铁核心塌缩时产生的冲击波在数个小时后抵达恒星的表面时，亮度就会增加，这就是超新星爆发。

而核心，会成为中子星或黑洞。

超新星是重的元素的关键来源。

铁-56 以及比它轻的元素的生成，来自核聚变。比铁重的元素都来自超新星爆炸。

根据天文学中的标准理论，大爆炸产生了氢和氦，可能还有少量锂；而其他所有元素，都是在恒星和超新星中合成的。

超新星爆发，令它周围的星际物质充满了比氦重的所有元素。这些重元素，丰富了形成恒星的分子云的元素构成。

通过超新星，我们的宇宙间将恒星核聚变中生成的较重元素重新分布。

不同元素的分量，对于一颗恒星的新陈代谢，以至围绕它的行星的新陈代谢，都有很大的影响。

超新星，能够促成宇宙中的新事物。

膨胀中的超新星遗迹的动能，能够压缩凝聚附近的分子云，从而启动一颗恒星的形成。

在太阳系附近的一颗超新星爆发中，我们借助其中半衰期较短的放射性同位素的衰变产物所提供的证据，能够了解四十五亿年前太阳系的元素组成；这些证据显示，我们的太阳系的形成，是由这颗超新星爆发而启动的。

由超新星产生的重元素，最终使地球上生命的诞生成为现实。

我们的太阳系，一定是在一个产生了大质量恒星的一个大恒星诞生区域里形成。

首先是形成星云。

形成我们的太阳系的原始星云，是更大的"前太阳星云"的塌陷气体区域中的一部分，直径在 7 000 到 20 000 天文单位（AU），质量刚好超过我们的太阳。

原始星云元素的组成，跟我们今天的太阳差不多。

由太初核合成产生的元素氢、氦和少量的锂，组成了塌陷星云质量的98%。

剩下的 2%质量，由在前代恒星核合成中产生的重元素组成。

这些恒星的晚年，把重元素抛射成为星际物质。

星际物质，是星云的物质来源，是我们的太阳系的物质来源。

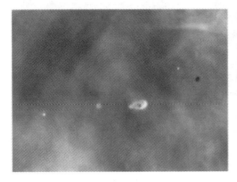

因为角动量守恒，星云塌陷时转动加快。

随着星云浓缩，其中的原子相互碰撞频率增高，它们的动能转化成热能，质量集中的中心越来越热。

大约经过 10 万年，在引力、气体压力、磁场力和转动惯量的作用下，收缩的星云扁平化成了一个直径约 200AU 的星盘，并在中心形成一个热致密的原恒星。

我们的太阳系到了这一演化点时，已被认为是一颗金牛 T 星类型的恒星。科学家们对金牛 T 星的研究表明，它们常伴以 0.001－0.1 太阳质量的前行星物质组成的盘。这些盘伸展达几百 AU。哈勃太空望远镜已经观察过，在恒星形成区，直径达 1 000AU 的原星盘相当冷，最热一千开尔文。

在随后五千万年内，我们的太阳核心的温度和压力变得巨大，氢开始聚变，产生内部能源抗拒引力收缩，直至静力平衡。

我们的太阳成为了主序星（新事物），这是我们的太阳生命中的主要阶段。

主序星，从核心的氢聚变为氦的过程中，产生能量。

我们的太阳，现今就是一颗主序星。

我们的太阳系里，诸多行星均成形于"太阳星云"。

太阳星云，是我们的太阳形成中剩下的气体和尘埃形成的圆盘状云。

行星，从绕原恒星的轨道上的尘埃颗粒开始形成。

通过收缩，这些颗粒形成一到十千米直径的块状物，它们互相碰撞，形成更大的尺寸，形成约 5 千米的天体（微行星）。

微行星进一步相撞，逐渐加大尺寸，在接下来的几百万年中大约每年增加几厘米。

内太阳系距中心直径 4 天文单位以内的区域过于温暖，易挥发的（如：水和甲烷分子）难以聚集，所以那里形成的微行星，只能由高熔点的物质形成（如：铁、镍、铝和石状硅酸盐）。这些石质天体会成为类地行星（水星、金星和火星）。这些物质在宇宙中很稀少，大约只占星云质量的 0.6%，所以类地行星不会长得太大。

类地行星胚胎，在太阳形成 10 万年后长到 0.05 地球质量，停止聚集质量；随后的这些行星大小的天体相互撞击与合并，使这些类地行星长到它们今天的大小。

类木行星，木星、土星、天王星和海王星，形成于更远的冻结线之外。在介于火星和木星轨道之间的物质，冷到足以使易挥发的冰状化合物保持固态。

类木行星上的冰，比类地行星上的金属和硅酸盐更丰富，使得类木行星的质量长得足够大，可以俘获氢和氦等最轻和最丰富的元素。

冻结线以外的微行星，在3百万年间，聚集了4倍地球的质量。

今天这四个类木行星，在所有环绕太阳的天体质量中所占的比例可达99%。

理论学者认为：木星处于刚好在冻结线之外的地方，并不是偶然的。因为冻结线聚集了大量由向内降落的冰状物质蒸发而来的水，其形成了一个低压区，加速了轨道上环绕的尘埃颗粒的速度，阻止了它们向太阳落去的运动。

冻结线，导致物质在距离太阳约5天文单位处迅速聚集。这些过多的物质，聚集成一个大约有10个地球质量的胚胎，然后开始通过吞噬周围星盘的氢而迅速增长，只用了1 000年，就达到150倍地球质量，并最终达到318倍地球质量。

土星质量显小，可能是因为它比木星晚了几百万年形成，当时的气体少了。

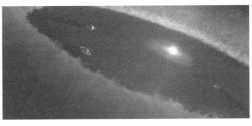

天王星和海王星，在木星和土星之后，在太阳风把星盘物质大部分吹走之后形成。结果，这两个行星上聚集的氢和氦很少，各自不超过一倍地球质量。

过了三百万到一千万年，年轻太阳的太阳风，清净原星盘内所有的气体和尘埃，把它们吹向星际空间，从而结束行星的生长。

行星形成后，内太阳系有50～100个月球到火星大小的行星胚胎。

进一步的生长，可能只是由于这些天体的相互碰撞和合并。这一过程持续了大约 1 亿年。这些天体互相拖动对方的轨道，直到它们相撞，长得更大，直到最后我们今天所知的 4 个类地行星初具雏形。

小行星带位于类地行星区外围边缘，离太阳 2～4 个 AU。

小行星带开始有多于足以形成超过 2～3 个地球一样的行星的物质，并且实际上，有很多微行星在那里形成。

如同类地行星，这一区域的微行星，后来合并形成 20～30 个月亮到火星大小的行星胚胎；但是因为在木星附近，意味着太阳形成 3 百万年后，这一区域的历史发生了巨大变化。

木星和土星的轨道共振，对小行星带特别强烈，并且与更多的大质量的行星胚胎的引力交互作用，使更多的微行星散布到这些共振中，造成它们在与其他天体碰撞后被撕碎。

随着木星在形成后的向内迁移，共振将横扫整个小行星带，激发这一区域的天体数量，并加大它们之间的相对速度。

共振和行星胚胎的累加作用，要么使微行星脱离小行星带，要么激发它们的轨道倾角和偏心率变化。某些大质量的行星胚胎被木星抛出，其他的迁移到了内太阳系里。

内太阳系的巨大撞击期，可能对地球从小行星带获取其目前的水成分起到了一定的作用。水太易挥发，不会在地球的形成时期就存在，一定是其后从太阳系外部较冷的地方送来的。

水，可能是由被木星甩离小行星带的行星胚胎和小的微行星带过来的，一些主带彗星也是地球的水的来源，从柯伊伯带或更远的区域的彗星带来的不过约 6% 地球的水。

海王星之外，太阳系延伸到柯伊伯带、黄道离散天体和奥尔特云，这三个稀疏的小冰状天体群落，是绝大多数被观测到的彗星的起源地。

以它们离太阳的距离，在太阳星云散离前，聚集的速度太慢，不足以形成行星。

最开始的星盘，缺乏足够的物质密度来形成行星。

柯伊伯带，处于距离太阳 30～55AU 的地方，更远的黄道离散天体延展到 100AU，而遥远的奥尔特云起始于大约 50 000AU 的地方。

起初，柯伊伯带离太阳近得多也致密得多，外围边缘离太阳大约30AU。它的内部边缘刚好在天王星和海王星的轨道外，天王星和海王星的轨道在形成的时候离太阳要近得多（可能15~20AU），并且位置相反，天王星离太阳要比海王星更远。

我们的太阳系形成之后，巨大行星的轨道持续缓慢变化，过了5亿~6亿年（大约40亿年前）木星和土星进入2∶1共振；每当木星环绕太阳两周，土星才环绕太阳一周。这一共振对外围行星造成了引力推力，从而让海王星越过天王星的轨道，进入古柯伊伯带。

这些行星群，把大部分小冰状天体向内部散播，同时它们自己却向外移动。

这些微行星，继而以类似的方式驱散它们遇到的下一颗行星，把行星的轨道向外移动，它们自己向内移动。

这一过程持续到微行星与木星相互作用，木星的强大引力使它们的轨道变得高度椭圆，甚至把它们径直抛出太阳系。这使得木星略微向内移动。这些被木星驱散进入高度椭圆轨道的天体，形成了奥尔特云；那些被迁移中的海王星驱散程度较轻的天体，形成了现在的柯伊伯带和黄道离散天体。

这些被驱散的天体，包括冥王星，开始被海王星引力束缚，被拉入轨道共振。最终，在微行星盘里的摩擦力，使天王星和海王星的轨道又变圆了。

与外围行星比，内部行星在太阳系的历史中并未发生显著的迁移，它们的轨道在大撞击期保持了稳定。

外围行星的迁移带来的引力干扰，把大量小行星送到内太阳系。

该事件可能触发了大约40亿年前、太阳系形成5亿~6亿年后的后期重轰炸。

这一时期的重轰炸，持续了几亿年，太阳系内的地质残体（如水星和月球上明显存在的陨坑）就是证明。

地球生命最早的证据可以早到38亿年前，几乎是紧接着后期重创的结束。

天文学家们相信，陨石撞击是太阳系演化的常规部分。

陨石撞击持续发生的证明，有 1994 年的苏梅克-列维 9 号彗星撞击木星以及亚利桑那陨石坑。我们的太阳系的行星聚合的过程还没有结束，陨石还会对地球上的生命造成威胁。

外太阳系的演化，受附近超新星和途经的星际云影响，太阳系外围天体的表面可能经历过由太阳风、微陨星和星际物质的中性成分带来的太空风化。

后期重轰炸后，小行星带的演化，主要依靠碰撞进行。

大质量的天体，有足够的引力留住任何强烈撞击溅出的物质，但小行星带却通常不是这样。有些小行星现在周围的卫星的形成是物质从母天体飞出，但没有足够能量完全逃脱它的引力，聚集而成。

卫星，存在于多数行星和其他太阳系天体周围。

这些天然卫星，有的由绕行星的星盘生成，有的从撞击的残骸形成，有的捕获经过的天体形成。

木星和土星有几个大型卫星，如木卫一、木卫二、木卫三和土卫六，它们来源于环绕这两个行星的星盘，形成的方式大概与这两个行星从环绕太阳的星盘中形成的方式相同。

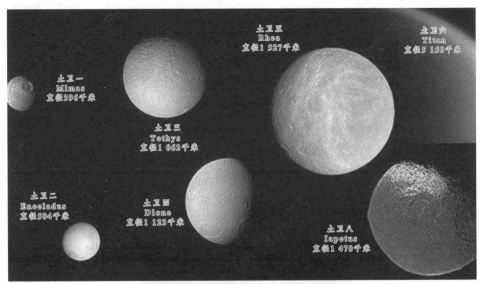

太阳系固态天体的卫星来自碰撞和俘获。

火星的两个小卫星 —— 火卫二和火卫一被认为是俘获来的小行星。

地球的月亮，是形成于一次单独的巨大的斜撞。

进行撞击的天体，估计可能有接近火星一样的质量，碰撞大约发生在大撞击结束的时期。

碰撞把撞击天体的一些幔层撞到了轨道上，聚成了月球。

该次撞击，可能是形成地球的一系列合并的最后一次。

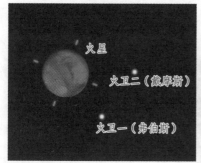

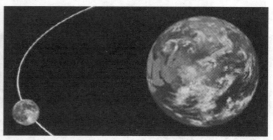

科学家们预测：我们的太阳，在它内核所有的氢聚变成氦，也就是在恒星演化的赫罗图上从主序星过渡到红巨星前，不会发生剧烈变化。

经过无数的新陈代谢，我们的太阳系，演化到了目前这个样子。

目前，我们的太阳系的新陈代谢，还在继续。

随着行星轨道长期不确定因子，我们的太阳系是混沌的，有些行星的轨道变得显著地更加椭圆，或变得更加不椭圆。

最终，我们的太阳系会在接下来的几十亿年后稳定下来，行星不会再互相碰撞，也不会被抛出太阳系。

地球和月亮：月球潮汐锁定于地球；它绕地球公转，等于它绕自己的轴线自转，意味着它始终以同一面面向地球。月球将持续远离地球，地球的转动将持续缓慢下来。

长远来说，我们的太阳系的改变，将来自我们的太阳自身的衰老。

随着我们的太阳烧掉它的氢原材料，它会变得更热且更快地烧掉余下的燃料，而且我们的太阳每 11 亿年就会更亮 10%。

在 10 亿年的时间，随着太阳的辐射输出增强，它的适居带就会外移，地球的表面会热到液态的水无法在地球表面继续存在，地面上所有的生命都将绝迹。这时候可能火星的表面温度逐渐升高，现在冻结在表面土壤下的水和二氧化碳会被释放到大气里，产生温室效应，暖化这颗行星，直到它达到今天地球一样的条件，提供一个未来的生命的居住场所。

35 亿年后，地球的表面环境就会变得跟今天的金星类似。

约 54 亿年之后，我们的太阳核心的所有的氢都会聚变成氦。核心将不再支撑得住引力塌陷，将会开始收缩，加热核周围的一个外壳，直到里面的氢开始聚变。这将使其外层急剧扩张，这颗恒星将进入它生命中的红巨星阶段。

在 76 亿年内，太阳会膨胀到半径为 1.2AU，256 倍于它现在的大小。

在其红巨星分支的顶峰，因为巨量增大的表面积，太阳的表面会比现在冷却很多（大约 2 600K），它的光度会增高很多，会达到现在太阳光度的 2 700 倍。

在太阳成为红巨星的阶段,它会产生很强的星风,这将带走它自身33%的质量。

当太阳膨胀后，水星和金星差不多一定会被吞噬掉。地球的命运不会乐观。

尽管我们的太阳会吞噬我们的地球现在的轨道，太阳的质量损失（既而更弱的引力）会导致行星的轨道向外移动。如果仅仅如此，地球可能会逃离火海，有可能不被吞噬掉。

在这个时候，柯伊伯带的冥王星和凯伦，有可能达到可维持生命的表面温度。

太阳核心周围壳里燃烧的氢，将增大核的质量，直到达到现今太阳质量的 45%。

此时密度和温度更高，氦开始聚变成碳，导致氦闪，太阳的半径将从约 250 倍缩至 11 倍于现在的半径。它的光度会从 3 000 倍跌至 54 倍于今天的水平，而其表面温度则会升至约 4 770K。

太阳将成为一颗水平分支星，平稳地燃烧它内核的氦，大概就像它今天烧氢一样。

氦聚变阶段将只持续 1 亿年，最终，太阳还得求助其外层的氢和氦贮备，并且第二次膨胀，变成渐近巨星分支星。

太阳的光度会再次升高，达到今天光度的 2 090 倍，并且它会冷却到大约 3 500K。这一阶段将持续 3 千万年。

之后，再过 10 万年的过程中，太阳的残留外层将失去，抛射出巨大的物质洪流形成一个光晕，也叫行星状星云。抛射出来的物质，将包含太阳的核反应生成的氦和碳，继续未来世代的新陈代谢。

这是个相对平和的结局，跟超新星绝无相似。

我们的太阳太小，不能进行超新星的演化。

太阳风的风速巨幅增加，但不足以完全摧毁一颗行星。

然而，行星的物质丢失，可将幸存下来的行星轨道送入混乱：有一部分会相撞，有一部分会从太阳系抛出去，剩下的则会被潮汐作用撕裂。

之后，我们的太阳所剩的就是一颗白矮星，非常致密，有它最初质量的 54%，但只有地球大小。

最初，这颗白矮星的光度大约有现在太阳光度的 100 倍，它将完全由简并态的碳和氧组成，但将永远也不会达到可以聚变这些元素的温度。

白矮星的太阳将逐渐冷却，越来越黯淡。

随着我们的太阳的死亡，它作用于行星、彗星和小行星的引力，会随着质量的丢失而减弱。剩余的行星将成为昏暗、寒冷的外壳，完全没有任何形式的生命。

它们将继续围绕它们的恒星，速度因为距离太阳的距离增大和太阳引力的降低而减慢。

又二十亿年后，白矮星的太阳冷却到 6 000~8 000K 的范围，我们的太阳核心的碳和氧也将冷却，所剩的 90%的质量形成结晶结构。

又再过数十亿年，我们的太阳将完全停止闪耀，成为黑矮星。

尽管在我们的宇宙中，绝大多数星系在远离银河系，我们本星系群中最大的星系仙女座星系，却在以每秒 120 千米的速度撞向我们的银河系。

大约在 70 亿年后，银河系和仙女座星系将合并形成一个巨大的椭圆星系，但银河系和仙女座星系的相撞，对单个的恒星系统的干扰可以忽略。虽然太阳系作为一个整体可能会被这些事件影响，但是太阳和行星本身预计不会受到干扰。

随着时间的流逝，我们的太阳遭遇另一颗恒星的累计概率会增加，对行星的干扰不可避免。如果宇宙末日的大挤压或大撕裂不会发生，有人计算认为：途经的恒星在会 1 千万亿年内，完全剥去死亡的太阳的所有行星。

也许我们的太阳和行星会存在下去，但我们的太阳系将不复存在，它们进入新的系统去新陈代谢。

这就是我们的太阳系的终结。

参考资料

1.《太阳系：最奇怪的行星系统》，腾讯太空，2016-08-16。

2.《我们发现了银河系里的"波浪"》，果壳网，2015-04-09。

3. 王家骥：《元素起源与银河系年龄的测定》，《科学》，2004 年第 2 期。

4.《最新测量的太阳公转速度》，腾讯网[引用日期 2016-01-31]。

5.《银河系的准确体重和直径》，网易科技[引用日期 2015-12-08]。

6.《壮观的超新星爆发》，中国公众科技网[引用日期 2012-08-31]。

7.《中国科学家解开太阳系外行星轨道之谜》，网易财经，2016-10-08。

8.《科学家发现遥远恒星周围存在彗星的证据》，腾讯太空，2016-05-24。

9.《合肥 10 岁男孩发现两亿光年外疑似超新星》，腾讯网，2015-09-13。

10.《最近发现表明，银河系是棒旋星系》，科技讯[引用日期 2016-02-02]。

11.《银河系体积比之前认为的要大 50%》，腾讯科技[引用日期 2015-12-08]。

12.《银河系成长之谜揭晓：自内而外生长》，新华网[引用日期 2015-10-29]。

13.《专家解读：我国为什么要开展空间科学研究？》，腾讯太空，2016-01-28。

14.《NASA 绘出首张银河系全景图》，中国科学院上海硅酸盐研究所，2014-03-23。

15.《科学家在银河系盘的结构与尺度研究中获进展》，中国科学院，2015-04-07。

16.《哈勃数据显示银河系核心由数万颗白矮星组成》，网易[引用日期 2015-12-07]。

17.《迄今最遥远的神秘超新星爆发，距地 125 亿光年》，宇宙探索网，2012-11-02。

18.《NASA 公布 1.6 亿像素容量为 457MB 最清晰银河图》，新浪[引用日期 2013-06-08]。

19.《科学家发现太阳系的形成不需要超新星驱动》，科学探索[引用日期 2012-12-24]。

20.《科学家首次观测到超新星激波暴，成观测"里程碑"》，中国经济网，2016-03-22。

21.《太阳系内新矮行星"现身"：揭示太阳系起源和演化历程》，新浪科技，2016-10-13。

22.《最佳天文照：扭曲超新星遗迹内部产生黑洞》，新浪探索趣图[引用日期 2013-05-03]。

23.《我科学家观测到最强超新星，系太阳亮度 5700 亿倍》，环球网，[引用日期 2016-01-18]。

24.《美科学家称发现太阳系"第 9 大行星"，质量是地球 10 倍》，中国经济网，2016-01-21。

七、用新陈代谢的哲学思维看地球演化

　　我们的地球，是我们的银河系和我们的太阳系新陈代谢的一个产物。关于我们的地球是如何形成的，我们还是要说一说，虽然前文有所涉及，但是还不够。我们还要考察一下：我们的地球自产生以来，是如何演化的？也就是如何进行新陈代谢的？

　　我们的地球，是我们的太阳系八大行星之一。按距离太阳由近及远的次序，我们的地球排为第三颗行星。

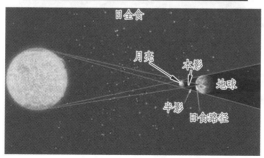

　　我们的地球，是我们的太阳系中直径、质量和密度最大的类地行星，距离太阳 1.5 亿千米。地球自西向东自转，同时围绕太阳公转。

　　我们的地球，有一个卫星，这就是月球；二者组成一个天体系统，这

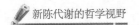

就是地月系统。

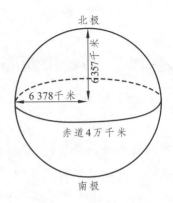

我们的地球，赤道半径 6 378.137 千米，极半径 6 356.752 千米，平均半径约 6 371 千米；赤道周长大约为 40 076 千米，呈两极稍扁赤道略鼓的不规则的椭圆球体。

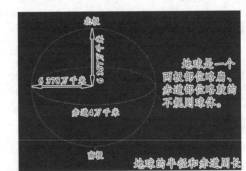

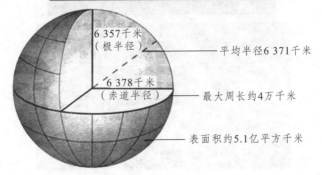

我们的地球，目前表面积 5.1 亿平方千米，其中 71% 为海洋，29% 为陆地。

在太空上看，我们的地球呈蓝色。

我们的地球，内部有核、幔、壳结构，地球外部有水圈、大气圈以及磁场。

我们的地球，是目前宇宙中已知的存在生命的唯一的天体。

我们的地球的质量约为 5.96×10^{24} 千克。在赤道某海平面处重力加速度的值 $ga=9.780\,m/s^2$，在北极某海平面处的重力加速度的值 $gb=9.832\,m/s^2$，全球通用的重力加速度标准值 $g=9.807\,m/s^2$。

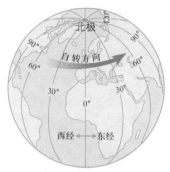

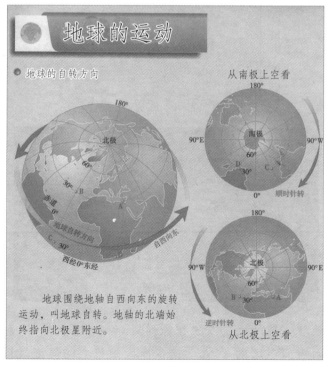

我们的地球自转周期为 23 小时 56 分 4 秒（恒星日），即 $T=8.616 \times 10^4 s$。

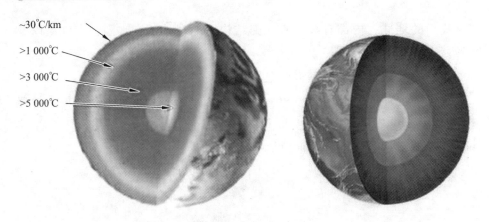

我们的地球的地核的温度，大约是 6 880 °C，比太阳光球表面温度（5 778K，5 505 °C）要高。

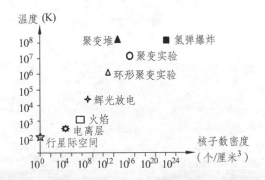

我们的地球，最高温度发生在氢弹爆炸中，一次爆炸能达到 1 亿摄氏度，是太阳表面温度的 16 667 倍，比太阳核心的温度（1 400 万摄氏度）高多了。

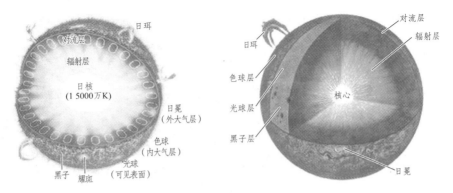

我们的地球，北半球的"冷极"在东西伯利亚山地的奥伊米亚康。1961年1月的最低温度是－71 ℃。

我们的地球，南半球的"冷极"在南极大陆。1967年年初，挪威人在极点站曾经记录到－94.5 ℃的最低温度。

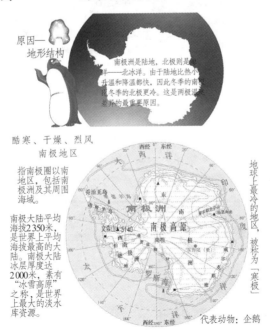

代表动物：企鹅

我们的地球自西向东旋转，地磁场外部是从磁北极指向磁南极（即南极指向北极），所形成的环形电流与地球自转的方向相反。

月食时，投射在月球上的地球影子总是圆的；往南或往北，同一个星星在天空中的高度是不一样的。一些古人由此猜测，我们的地球可能是球形的。

"地心说"明确了我们的地球为球形，16世纪葡萄牙航海家麦哲伦的船队完成人类历史上的第一次环球航行，证明了我们的地球是个球体。

科学家们经过长期的精密测量，发现我们的地球并不是一个规则球体，而是一个南北两极部位略扁、赤道稍鼓的不规则椭圆球体。

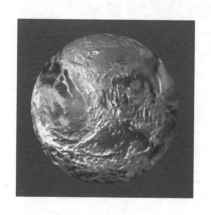

我们的地球，赤道半径约长 6 378.137 千米，极半径 6 356.752 千米，这点差别与地球的平均半径相比极为微小。

从宇宙空间看地球，仍可视为一个规则球体。

按此比例制作一个半径为 1 米的地球仪，赤道半径仅仅比极半径长了大约 3 毫米，人的肉眼难以察觉。因此人们在制作地球仪时，总是做成规则球体。

名　称	纬　线	经　线
定　义	与地轴垂直并且环绕地球一周的圆圈	连接南北两极并且与纬线垂直相交的半圆
指示方向	东西方向。	南北方向
长　度	长度不一，赤道最长。	所有经线长度相等
形　状	除极点外，纬线圈都是圆	所有经线都是半圆
起止度数	0 度（0°纬线叫赤道）—90°N/S	0 度（0°经线叫本初子午线）- 180°
代　号	北纬—N，南纬—S	东经—E，西经—W
如何区分	区分南、北纬（两种方法）： 1. 赤道（0°纬线）以北为北纬 N，赤道以南为南纬 S 2. 纬度向北递增为北纬 N，纬度向南递增为南纬 S	区分东、西经（两种方法）： 1. 本初子午线（0 度经线）以东为东经 E，本初子午线以西为西经 W 2. 经度向东递增为东经 E，经度向西递增为西经 E
半球划分	赤道分南、北半球	20°W 和 160°E 分东、西半球

目前我们的地球，陆地主要在北半球，有五个大陆：

欧亚大陆（见下图）、非洲大陆、美洲大陆、澳大利亚大陆、南极大陆。

另外还有很多岛屿。

大洋则包括太平洋、大西洋、印度洋、北冰洋四个大洋及其附属海域。

我们的地球的海岸线共 35.6 万千米。

我们的地球的陆地上最低点 —— 死海，－418 米。

全球最低点 —— 马里亚纳海沟，－11 034 米。

全球最高点 —— 珠穆朗玛峰，8 844.43 米。

我们的地球圈层，分为地球外圈和地球内圈两大部分。

地球外圈可进一步划分为四个基本圈层，即大气圈、水圈、生物圈和岩石圈；

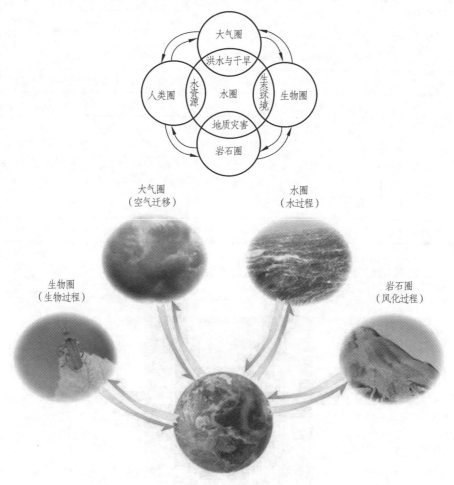

地球的外圈结构

　　地球内圈可进一步划分为三个基本圈层，即地幔圈、外核液体圈和固体内核圈。

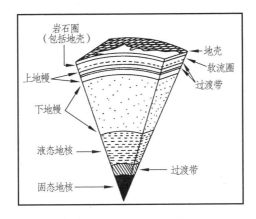

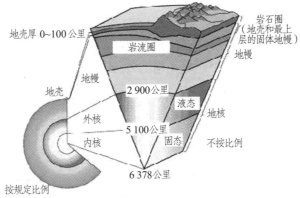

　　此外，在地球外圈和地球内圈之间还存在一个软流圈，它是地球外圈与地球内圈之间的一个过渡圈层，位于地面以下平均深度约 150 千米处。

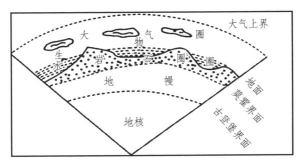

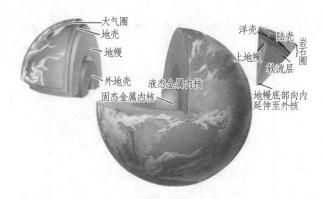

我们整个地球总共包括八个圈层，其中岩石圈、软流圈和地球内圈一起构成了所谓的固体地球。

对于地球外圈中的大气圈、水圈和生物圈，以及岩石圈的表面，一般用直接观测和测量的方法进行研究。

对于地球内圈，主要用地球物理的方法，例如地震学、重力学和高精度现代空间测地技术观测的反演等进行研究。

我们的地球各圈层，在分布上有一个显著的特点：

固体地球内部与表面之上的高空，基本是上下平行分布；而在地球表面附近，各圈层相互渗透、相互重叠，生物圈表现最为显著，其次是水圈。

固体地球结构表

地球圈层名称			深度（千米）	地震纵波速度(千米/秒)	地震横波速度（千米/秒）	密度（克/立方厘米）	物质状态
一级分层	二级分层	传统分层					
外球	地壳	地壳	0～33	5.6～7.0	3.4～4.2	2.6～2.9	固态物质
	外过渡层	外过渡层（上）	上地幔	33～980	8.1～10.1	4.4～5.4	3.2～3.6	部分熔融物质
		外过渡层（下）	下地幔	980～2900	12.8～13.5	6.9～7.2	5.1～5.6	液态—固态物质
液态层	液态层	外地核	2900～4700	8.0～8.2	不能通过	10.0～11.4	液态物质
内球	内过渡层	过渡层	4700～5100	9.5～10.3		12.3	液态—固态物质
	地核	地核	5100～6371	10.9～11.2		12.5	固态物质

我们的地球大气圈，包围着海洋和陆地。

地球大气圈没有确切的上界，在 2 000 千米至 1.6 万千米高空仍有稀薄的气体和基本粒子。

在地下的土壤、岩石中，也会有少量空气，也是大气圈的组成部分。

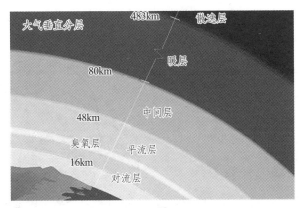

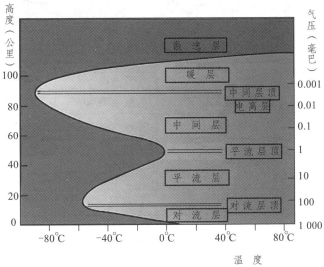

我们的地球大气的主要成分为氮、氧、氩、二氧化碳和不到 0.04%比例的微量气体。

我们的地球大气圈气体的总质量约为 5.136×1 021 克，相当于地球总质量的 0.86%。

由于地心引力作用，大气圈几乎全部的气体集中在离地面 100 千米的高度范围内，其中 75%的大气又集中在地面至 10 千米高度的对流层范围内。

根据大气分布特征，在对流层之上还可分为平流层、中间层、热成层等。

我们的地球水圈，包括海洋、江河、湖泊、沼泽、冰川和地下水等，连续，但不很规则。

从离数万千米高空看我们的地球，大气圈中水汽形成的白云和覆盖地球大部分的蓝色海洋，使我们的地球成为一颗"蓝色的行星"。

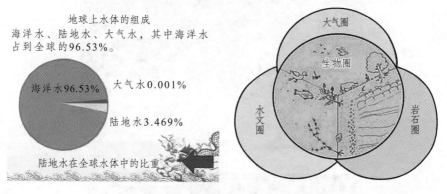

地球上水体的组成
海洋水、陆地水、大气水，其中海洋水占到全球的96.53%。

海洋水96.53%　　大气水0.001%
陆地水3.469%
陆地水在全球水体中的比重

地球上水的组成

液态水	97.859%	地表水	99.389%	海水	97.23%	海水	97.23%
固态水	2.14%	地下水	0.61%	咸水	0.008%	湖水	0.017%
气态水	0.001%	大气水	0.001%	淡水	2.762%	河水	0.000 1%
						冰川水	2.14%
						地下水	0.61%
						土壤水	0.005%

我们的地球水圈总质量为 1.66×10^{24} g，约为地球总质量的 1/3 600，其中海洋水质量约为陆地（包括河流、湖泊和表层岩石孔隙和土壤中）水的 35 倍。

如果我们整个地球没有固体部分的起伏，那么我们的地球将被深达 2 600 米的水层均匀覆盖。

大气圈和水圈相结合，组成我们的地球地表的流体系统。

我们的地球由于存在大气圈、水圈和地表的矿物质，在我们的地球上这个合适的温度条件下，形成了适合于生物生存和演化的自然环境。

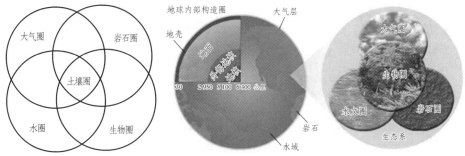

人们通常所说的地球上的生物，是指有生命的物体，包括植物、动物和微生物。

据科学家们估计，在我们的地球上，现有生存的植物约有 40 万种，动物约有 110 多万种，微生物至少有 10 多万种。

据科学家们统计，在我们的地球的地质历史上，生存过的生物约有 5 亿至 10 亿种之多，在地球漫长的演化过程中，绝大部分生物都已经灭绝了。

我们的地球上现存的生物，生活在岩石圈的上层部分、大气圈的下层部分和水圈的全部，构成了地球上一个独特的圈层，这就是生物圈。

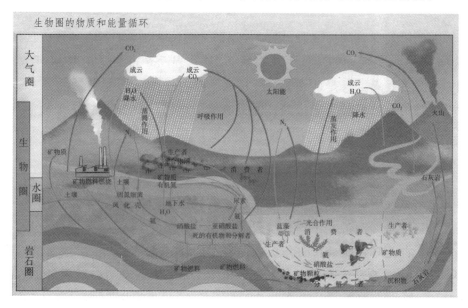

生物圈是我们的太阳系所有行星中，仅在我们的地球上存在的一个独

特圈层。

我们的地球的岩石圈，除表面形态外，无法直接观测，主要由地壳和地幔圈中上地幔的顶部组成，从固体地球表面向下穿过地震波在近33千米处所显示的第一个不连续面（莫霍面），一直延伸到软流圈为止。

我们的地球岩石圈厚度不均一，平均厚度约为100千米，我们整个固体地球的主要表面形态由大洋盆地与大陆台地组成。

在距我们的地球表面以下约100千米的上地幔中，有一个明显的地震波的低速层，这是由古登堡在1926年最早提出的软流圈，位于上地幔的上部即B层。

在洋底岩石下面，软流圈位于约60千米深度以下；在大陆岩石下面，软流圈位于约120千米深度以下。

软流圈平均深度，约为60~250千米。科学家们的观测和研究，已经肯定了软流圈层的存在。

软流圈的存在，将地球外圈与地球内圈区别开来。

地震波除了在地面以下约33千米处有一个显著的不连续面之外，在软流圈之下，直至我们的地球内部约2 900千米深度的界面处，属于地幔圈。

我们的地球外核为液态，在地幔中的地震波S波，不能在外核中传播。P波曲线在此界面处的速度也急剧减低。这个界面是古登堡在1914年发现的，称为古登堡面，是地幔圈与外核流体圈的分界面。

我们的地球的整个地幔圈，由上地幔（33~410千米）、下地幔的D′层（1 000~2 700千米深度）和下地幔的D″层（2 700~2 900千米深度）组成。

科学家们的研究表明，D′层存在强烈的横向不均匀性，其不均匀的程度甚至可以和岩石层相比拟，它不仅是地核热量传送到地幔的热边界层，而且极可能是与地幔有不同化学成分的化学分层。

我们的地球的地幔圈之下，就是所谓的外核液体圈，位于地面以下约2 900~5 120千米深度。整个外核液体圈，基本上由动力学黏度很小的液体构成；其中2 900~4 980千米深度称为E层，完全由液体构成；4 980~5 120千米深度层称为F层，是外核液体圈与固体内核圈之间一个很薄的过渡层。

我们的地球的八个圈层中，最靠近地心的就是固体内核圈，位于 5 120～6 371 千米地心处，又称为 G 层。科学家们根据对地震波速的探测与研究，证明 G 层为固体结构。

我们的地球内层不是均质的，平均地球密度为 5.515 克/cm³，而地球岩石圈的密度仅为 2.6～3.0 克/cm³。

我们的地球内部的密度要大得多，并且，随着深度的增加，密度也明显增大。

我们的地球内部的温度，随深度而上升。

科学家们最近的估计是，在 100 千米深度处温度为 1 300 ℃，300 千米处为 2 000 ℃，在地幔圈与外核液态圈边界处，约为 4 000 ℃，地心处温度为 5 500～6 000 ℃。

我们的地球绕自转轴自西向东自转，平均角速度为每小时转动 15 度。

在我们的地球赤道上，自转的线速度是每秒 465 米。

天空中可观测的各种天体东升西落的现象，都是地球自转的反映。

人们很早就利用地球自转作为计量时间的基准。

自 20 世纪以来，由于天文观测技术的发展，科学家们发现：地球自转是不均的。

天文学家已经知道，我们的地球自转速度存在长期减慢，有不规则变化和周期性变化。

我们的地球自转的周期性变化，包括周年周期的变化、月周期变化、半月周期变化、近周日变化、半周日周期变化。

周年周期变化为季节性变化，是 20 世纪 30 年代发现的，表现为春天地球自转变慢，秋天地球自转加快，其中还带有半年周期的变化。

周年变化的振幅为 20～25 毫秒，主要由风的季节性变化引起。

半年变化的振幅为 8～9 毫秒，主要由太阳潮汐作用引起。

月周期和半月周期变化的振幅约为 ±1 毫秒，由月亮潮汐力引起。

我们的地球自转具有周日和半周日变化，是最近才被发现并得到证实的，振幅只有约 0.1 毫秒，主要由月亮的周日、半周日潮汐作用引起。

我们的地球公转的轨道是椭圆的。公转轨道半长径为 149 597 870 千米，轨道的偏心率为 0.0167，公转的平均轨道速度为每秒 29.79 千米；公转的轨道面（黄道面）与地球赤道面的交角为 23°27'，称为黄赤交角。

我们的地球自转，产生了我们地球上的昼夜变化。

我们的地球公转及黄赤交角的存在，造成了我们地球上的四季交替。

从我们的地球上看，太阳沿黄道逆时针运动，黄道和赤道在天球上存在相距 180°的两个交点，其中太阳沿黄道从天赤道以南向北通过天赤道的那一点，是春分点；与春分点相隔 180°的另一点，是秋分点。

我们的太阳分别在每年的春分（3 月 21 日前后）和秋分（9 月 23 日前后），通过春分点和秋分点。

对居住在北半球的人来说，当我们的太阳分别经过春分点和秋分点时，就意味着已是春季或秋季。我们的太阳通过春分点到达最北的那一点，是夏至点；与之相差 180°的另一点，是冬至点。我们的太阳分别于每年的6 月 22 日前后和 12 月 22 日前后通过夏至点和冬至点。

同样，对居住在北半球的人来说，当我们的太阳在夏至点和冬至点附近，从天文学意义上讲，已进入夏季和冬季。这些情况，对于居住在南半球的人和其他生物而言，正好相反。

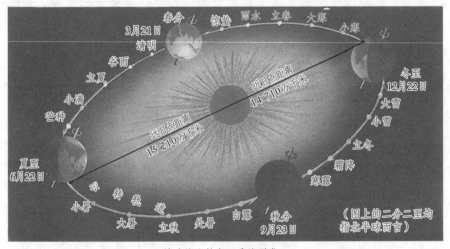

地球的公转和四季的形成

以上所说的我们的地球的圈层结构及其状态，是目前的情况。实际上，这些都是我们的地球数十亿年以来新陈代谢变化的结果。我们的地球的原始状况，可不是这个样子。

21 世纪，科学家们对我们的地球的年龄再次进行了确认，认为我们的地球的产生要远远晚于太阳系产生。

有科学家通过我们的太阳系年龄计算公式，算出了我们的太阳系产生的时间为 55.68 亿年前。而我们的地球产生的年龄，要比太阳系晚。

2007 年，瑞士有科学家认为：地球的产生，在我们的太阳系形成的6 200 万年之后。

不论科学家们是如何计算的，我们现在来看看我们的地球的原始模样。

在我们的太阳系形成初期，99%以上的物质向中心聚合成为太阳，周围一些分散的物质碎片围绕着太阳旋转，由于碰撞和引力作用，分散的碎片逐渐聚合成了八大行星。

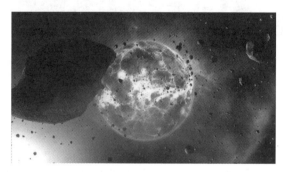

原始地球，在 46 亿年前刚从太阳星云形成。

原始的、初生的地球，在继续旋转和凝聚的过程中，本身的凝聚收缩和内部放射性物质（如铀、钍等）的蜕变生热，温度不断增高，内部甚至达到炽热的程度。于是，原始地球中，重物质沉向内部，形成地核和地幔；较轻的物质分布在表面，形成地壳。

原始地球最初形成的地壳较薄，地球内部温度又高，火山爆发频繁，

从火山喷出来的气体，构成原始地球的还原性大气。

地质科学的研究表明，我们的地球大约是在 46 亿年前形成的，那时候原始地球的温度很高：天空中赤日炎炎，电闪雷鸣；地面上火山喷发，熔岩横流。从火山中喷出的气体，如水蒸气、氢气、氨、甲烷、二氧化碳、硫化氢等，构成了原始地球的大气层，没有氧气。

原始大气的主要成分是：氨、氢、甲烷、水蒸气。

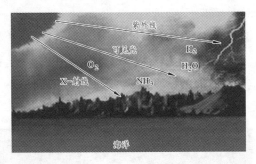

原始地球只是一团混沌的物质，经过了几十万年，物质逐渐冷却凝固，形成了地球的初始状态；又经过了几十万年，地球内部化学反应产生的气体喷出后被保存在其周围，形成了原始的大气层。

氧气和氢气化合形成了水，在经过太阳的能量辐射、地球本身的电磁场的影响之后，形成了适宜的环境。水，是原始大气的主要成分。原始地球的地表温度高于水的沸点，当时的水都以水蒸气的形态存在于原始大气之中。

地表不断散热，水蒸气被冷却，又凝结成水。后来，地球内部温度逐渐降低，地面温度终于降到沸点以下，于是倾盆大雨从天而降，降落到地球表面低洼之地，形成江河、湖泊、海洋。原始海洋就是这样形成的。

原始海洋盐分较低，有机物质异常丰富。

　　原始大气中无游离氧，高空中也没有臭氧层，不能吸收太阳辐射的紫外线，紫外线能直射到原始地球表面，合成有机物。

　　原始的大气不能形成生命，但能形成构成生命体的有机物。

　　科学家们推测，原始大气在高温、紫外线以及雷电等自然条件的长期作用下，形成了许多简单的有机物。后来，地球的温度逐渐下降，原始大气中的水蒸气凝结成雨降落到地面上，这些有机物又随着雨水进入湖泊和河流，最终汇集到原始的海洋中。

　　天空放电、火山爆发放出的能量、宇宙间的宇宙射线、陨星穿过大气层时引起的冲击波，等等，都有助于有机物的合成。

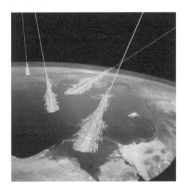

　　天空放电是最重要的，这种能源提供的能量较多，又在靠近海洋表面的地方释放，在那里它作用于还原性的原始大气，合成的有机物质很容易被雨水冲淋到原始海洋之中。这样，我们的原始海洋富含有机物质，成为了"生命的摇篮"。

　　原始海洋，像一盆稀薄的热汤，其中的有机物不断地相互作用。经过漫长的岁月,大约在地球形成以后的 10 亿年左右,逐渐形成了原始的生命。生命，这个新事物产生了。

无机物→简单有机物→复杂有机物→原始生命体

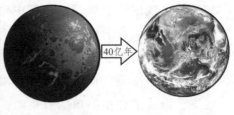

46亿年进化，地球具备孕育生命的基本环境

　　我们的地球，从原始地球到现在，经过了一个又一个的阶段，经过了无数的新陈代谢，终于发展到现在这个样子。

　　看看下面这个列表，看看我们的地球经历的阶段更新及其历史事件，会印象更深。

序号	史前时代	距今（单位：亿年）	主要事件
1	冥古宙、隐生代	45.7	地球出现
2	原生代	41.5	地球上出现第一个生物——细菌
3	酒神代	39.5	古细菌出现
4	早雨海代	38.5	地球上出现海洋和其他的水
5	太古宙、始太古代	38	地球的岩石圈、水圈、大气圈和生命形成
6	古太古代	36	蓝绿藻出现
7	中太古代	32	原核生物进一步发展
8	新太古代	28	第一次冰河期
9	元古宙、成铁纪	25	
10	层侵纪	23	
11	造山纪	20.5	
12	古元古代、固结纪	18	
13	盖层纪	16	
14	延展纪	14	
15	中元古代、狭带纪	12	
16	拉伸纪	10	罗迪尼亚古陆形成

续表

序号	史前时代	距今 （单位：亿年）	主要事件
17	成冰纪	8.50	发生雪球事件
18	新元古代、埃迪卡拉纪	6.3	多细胞生物出现
19	显生宙、古生代、寒武纪	5.42	寒武纪生命大爆发
20	奥陶纪	4.883	鱼类出现；海生藻类繁盛
21	志留纪	4.437	陆生的裸蕨植物出现
22	泥盆纪	4.16	鱼类繁荣；两栖动物出现；昆虫出现；裸子植物出现；石松和木贼出现
23	石炭纪	3.592	昆虫繁荣；爬行动物出现；煤炭森林
24	二叠纪	2.99	二叠纪灭绝事件，地球上95%生物灭绝；盘古大陆形成
25	中生代、三叠纪	2.51	恐龙出现；卵生哺乳动物出现
26	侏罗纪	1.996	有袋类哺乳动物出现；鸟类出现；裸子植物繁荣；被子植物出现
27	白垩纪	0.996.	恐龙的繁荣和灭绝、白垩纪-第三纪灭绝事件，地球上45%生物灭绝，有胎盘的哺乳动物出现
28	第三代	未知	动植物都接近现代
29	第四代	0.0621	人类出现

纵观我们的地球几十亿年的历史，我们的地球的一切物质来源，都是我们的宇宙新陈代谢的产物；我们的地球的圈层结构的形成和演化，都是我们的银河系与我们的地球新陈代谢的产物。最后，我们的地球上的一切，依然在新陈代谢，正在不断地以新阶段代替旧阶段，以新事物代替旧事物，没有止境。

参考资料

1.《地球》，新华网[引用日期 2014-07-29]。

2. Springer Shop CP1897.com Paddyfield ShopInHK。

3.《地球历史》，中国数字科技馆[引用日期 2014-02-18]。

4.《地球的起源和演化》，生物谷[引用日期 2014-02-15]。

5.《月亮是地球唯一的》，中国学网[引用日期 2014-07-22]。

6. 黄定华等：《普通地质学》，北京：高等教育出版社，2004：19-28。

7.《无人能解？探秘地球和太阳系起源之谜》，中国青年网[引用日期 2014-02-13]。

8.《地球最早期生物：欧巴宾海蝎 5 只眼睛》，新华网[引用日期 2014-02-12]。

9.《美教授拿出新证据，生物源于火星理论再受重视》，新华网[引用日期 2014-02-13]。

10.《科学家证实地球最古老岩石年龄为 43.74 亿岁》，腾讯科技[引用日期 2016-10-29]。

11.《环境承载之痛，2050 年地球气候将无法逆转》，中国天气网[引用日期 2014-07-29]。

12.《偶然事件形成有机物，地球生命或诞生于零度环境》，北方网[引用日期 2014-02-11]。

八、用新陈代谢的哲学思维看生物进化

　　宇宙的新陈代谢，银河系的新陈代谢，地球的新陈代谢，都是一个新阶段代替另一个旧阶段，都是一些新事物代替另一些旧事物，其演化发展最神奇的地方，在我们看来，就是创造了生命这样的能够进行更高级的新陈代谢的物质存在形式。让我们来看看，地球生命是如何在新陈代谢中产生的？地球生命又是如何在新陈代谢中进化的？

　　我们的宇宙由物理进化，导致各种化学元素产生，而这些化学元素又开始了化学进化，一个新阶段开始了。

　　经过无数科学家们的研究，我们的地球上的生物起源于化学进化，大致可以分为这么几个阶段：

　　第一个阶段，从无机小分子，化学进化到有机小分子。

　　元素的相互作用，产生出许多无机化合物，由此又产生多种简单有机化合物。这些化学反应可以发生在大气中、陆上的池塘里和海洋中。但由于雨水冲刷，各种化合物最终汇集到海洋中。由于紫外线的穿透力比较弱，海洋表面的有机物被分解，而海洋表面以下的有机物则有条件进一步复杂化。

　　地球生命起源的化学进化过程，是在原始地球条件下进行的。从无机小分子物质，形成有机小分子物质，在原始地球的条件下是完全可以实现的。这是原始地球的化学进化，在这里，有机小分子是新事物。

第二个阶段，从有机小分子物质，化学进化生成生物大分子物质。

由简单的有机物发展出各种生物小分子，如氨基酸、糖分、有机碱基、嘌呤、嘧啶等。

由生物小分子发展成多种生物大分子，如蛋白质、核酸、脂质等。

这一过程可以是在原始海洋中发生的，即氨基酸、核苷酸等有机小分子物质，经过长期积累、相互作用，在适当条件下，通过缩合作用或聚合作用，形成了原始的蛋白质分子和核酸分子。在这里，有机生物大分子是新事物。

第三个阶段，从生物大分子物质，化学进化组成多分子体系。

科学家通过实验表明，将蛋白质、多肽、核酸和多糖等放在合适的溶液中，它们能自动地浓缩聚集为分散的球状小滴，这些小滴就是团聚体。团聚体可以表现出合成、分解、生长、生殖等生命现象。团聚体具有类似于膜的边界，能从外部溶液中吸入某些分子作为反应物，能在酶的催化作用下发生特定的生化反应，反应的产物也能从团聚体中释放出去。在这里，团聚体是新事物。

生命起源理论

第四个阶段，有机多分子体系，化学进化演变为原始生命。

在团聚体的原始结构中，内部含有核酸和蛋白质，这些物质相互联系、相互作用，通过核酸的变化，促使对环境有一定隔离作用的团聚体逐渐演变为原核细胞一类的物质体系。在此过程中，脂质和蛋白质所组成的膜状构造出现了,由核酸和蛋白质为主要成分的一种特殊的物质体系在膜内形成。这就是生命的物质基础——原生质。在原生质里有一个遗传系统,由脱氧核糖核酸(DNA)和几种核糖核酸(RNA)组成,又有翻译遗传信息的核糖体。

有一定结构的隔离系统在水中出现,这种隔离系统的逐渐完善化,就出现了原始生命——原核细胞。这是在原始海洋中完成的,是地球生命起源过程中最复杂、最有决定意义的阶段。在这里,原核细胞是新事物,这就是原始生命。

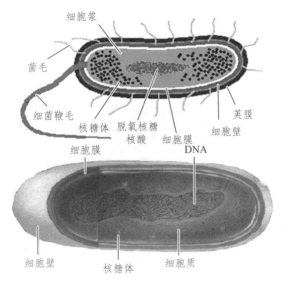

生命出现以后,所有的生命都进行各自的新陈代谢,并且开始了生物的进化。

最先出现的原核细胞是异养生物,进行厌氧呼吸的新陈代谢。它们从周围丰富的有机物中得到碳源和能源。

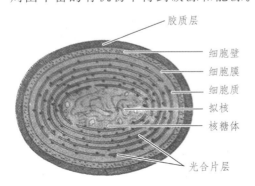

由细菌之类的原核生物，演变出能进行光合作用的蓝藻。蓝藻让地球上的食物有了新的来源，同时产生出氧气。

根据非洲、加拿大、澳大利亚等处材料：最早的岩石约有 38 亿年的历史；最早的细菌之类的原核细胞大致出现在 34 亿年前；大约在 31 亿年前的时候出现蓝藻。在这里，蓝藻是新事物。

我们地球上的化学进化，经历了 10 亿年以上的时间，才出现了原始生物，即原核细胞。在此之前，可能还有更原始的非细胞或前细胞形态的生物，因为原核细胞（如细菌之类）已具有相当复杂的结构和功能。

真核生物，由几种原核生物以内共生方式形成。

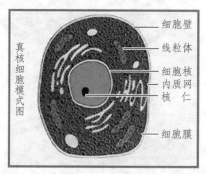

真核细胞模式图

	原核细胞	真核细胞	病毒
大小	较小	较大	最小
本质区别	无以核膜为界限的细胞核	有以核膜为界限的真正的细胞核	无细胞结构
细胞壁	主要成分是肽聚糖	植物：纤维素和果胶；真菌：几丁质；动物细胞无细胞壁	无
细胞核	有拟核，无核膜、核仁，DNA不与蛋白质结合	有核膜和核仁，DNA与蛋白质结合成染色体	无
细胞质	仅有核糖体，无其他细胞器	有核糖体、线粒体等复杂的细胞器	无
遗传物质	DNA		DNA或RNA
举例	蓝藻、细菌等	真菌、动植物	HIV、H1N1

最先出现的，是一种原始的真核细胞，体积较大，已有原始的细胞核。

原始的真核细胞，吞吃了好氧细菌，随后发生共生作用，细菌便在细胞里转化成线粒体。

原始真核细胞吞吃了蓝藻，并发生共生作用，使蓝藻就在细胞里转化成叶绿体。

线粒体和叶绿体，都有自己的脱氧核糖核酸，大小与原核细胞的脱氧核糖核酸相近。

真核细胞的绿色植物出现以后，光合作用的功能得到了增强，海洋里的生物量逐步增加，大气中的氧气也逐渐增多，为真核生物的加速进化提供了条件。

真核生物的新陈代谢，都是有氧呼吸。在这里，真核生物是新事物。

化石材料表明，最早的真核生物大抵出现在 18 亿年至 14 亿年前，这些化石都产于沉积岩。真核生物是在海洋中进化出来的。

从 34 亿年前到 18 亿年至 14 亿年前，是原核生物进化的时期。

经过的时间很长，达 20 亿年左右，进化的速度很缓慢。

真核生物出现后，出现了真正的性别，进化的速度大大地加快：

在大约 10 亿年前开始出现了多细胞的动物。

到了距今 5.7 亿年至 5 亿年的寒武纪，海洋里已长满了多种海藻，而且带骨骼的各门类的无脊椎动物也出现了；以后又出现了脊椎动物。

在前寒武纪的末期，大气上层逐步出现和形成臭氧层，为生物上陆生活创造了条件。

生物成功地上陆生活，大致发生在寒武纪以后。

我们地球上的生命，从最原始的无细胞结构状态进化为有细胞结构的原核生物，从原核生物进化为真核单细胞生物，然后进化出现了分化，出现了真菌界、植物界和动物界。

植物界，从藻类到裸蕨植物，再到蕨类植物、裸子植物，最后出现了被子植物。

动物界，从原始鞭毛虫到多细胞动物，从原始多细胞动物到出现脊索动物，进而演化出高等脊索动物，即脊椎动物。脊椎动物中的鱼类又演化到两栖类再到爬行类，从中分化出哺乳类和鸟类，哺乳类中的一支进一步发展为高等智慧生物，这就是人类。

这是生命在我们地球上从无到有、从简单到复杂、从低级到高级的大致进化过程，也是物种的新陈代谢过程。

对我们地球生物的进化阶段、新物种代替旧物种的历史，我们可以借助地质学了解更多。

地质学家们按时代早晚顺序，制作了表示地史时期的相对地质年代和同位素年龄值的表格，这就是地质年代表。

地质学家们根据生物的发展和岩石形成顺序，将地壳历史划分为对应生物发展的一些自然阶段，即相对地质年代。这可以表示地质事件发生的顺序、地质历史的自然分期和地壳发展的阶段。

同时，地质学家们还根据岩层中放射性同位素衰变产物的含量，测定出地层形成和地质事件发生的年代，这就是绝对地质年代。

据此，地质学家们就可以编制出地质年代表。

在地质年代表中：

最大的时间单位是宙（eon）；

宙下是代（era）；

代下分纪（period）；

纪下分世（epoch）；

世下分期（age）；

期下分时（chron）。

地质年代表，有时间的概念。

当获悉某化石是何宙、何代、何纪、何世、何期或何时的遗物，可知道其形成的粗略时间（很粗略的估计值）。

地质年代表的时间单位，是人为划分的，和日历中的年、月、日不同，不能让人了解每个宙、代、纪、世、期或时经历的准确时间。

地质年代从古至今依次为：隐生宙（Cryptozoic eon，现称前寒武纪，Precambrian supereon）、显生宙（Phanerozoic eon）。

隐生宙，分为冥古宙、太古宙、元古宙。

显生宙，分为古生代、中生代、新生代。

古生代，分为寒武纪、奥陶纪、志留纪、泥盆纪、石炭纪、二叠纪。

中生代，分为三叠纪、侏罗纪、白垩纪。

新生代，分为古近纪、新近纪、第四纪。

显生宙，是现代生物存在的时期。

元古宙，久远的原始生物的时期。

太古宙，是初始生物的时期。

冥古宙，是从地球形成到后期重轰炸期结束的时期。

显生宙从今至古包含：

新生代，是现代生物的时期，是"哺乳动物时代"。

中生代，是中等进化生物的时期，是"爬行动物时代"。

古生代，是古代生物的时期。

地质年代参照表

宙	代	纪	世	年代开始 百万年前	主要事件
显生宙	新生代	新近纪	全新世	0.011430±0.00013	人类繁荣（参照年表）
			更新世	1.806±0.005	冰河时期，大量大型哺乳动物灭绝，人类进化到现代状态
			上新世	5.332±0.005	人类的人猿祖先出现
			中新世	23.03±0.05	
显生宙	新生代	古近纪	渐新世	33.9±0.1	大部分哺乳动物目崛起
			始新世	55.8±0.2	
			古新世	65.5±0.3	
	中生代		白垩纪	99.6±0.9	恐龙的繁荣和灭绝、白垩纪-第三纪灭绝事件，地球上45%生物灭绝、有胎盘的哺乳动物出现

续表

宙	代	纪	世	年代开始 百万年前	主要事件
显生宙	中生代		侏罗纪	199.6±0.6	有袋类哺乳动物出现、鸟类出现、裸子植物繁荣、被子植物出现
			三叠纪	251.0±0.4	恐龙出现、卵生哺乳动物出现
	古生代		二叠纪	299.0±0.8	二叠纪灭绝事件，地球上95%生物灭绝、盘古大陆形成
			石炭纪	359.2±2.5	昆虫繁荣、爬行动物出现、煤炭森林、裸子植物出现
			泥盆纪	416.0±2.8	鱼类繁荣、两栖动物出现、昆虫出现、种子植物出现、石松和木贼出现
			志留纪	443.7±1.5	陆生的裸蕨植物出现
			奥陶纪	488.3±1.7	鱼类出现；海生藻类繁盛
			寒武纪	542.0±1.0	寒武纪生命大爆炸
元古宙	新元古代		埃迪卡拉纪	630 +5/-30	多细胞生物出现
			成冰纪	850	发生雪球事件
			拉伸纪	1000	罗迪尼亚古陆形成
	中元古代		狭带纪	1200	
			延展纪	1400	
			盖层纪	1600	
	古元古代		固结纪	1800	
			造山纪	2050	
			层侵纪	2300	
			成铁纪	2500	
太古宙	新太古代			2800	第一次冰河期
	中太古代			3200	
	古太古代			3600	蓝绿藻出现
	始太古代			3800	
冥古宙	早雨海代			3850	地球上出现第一个生物---细菌
	酒神代			3950	古细菌出现
	原生代			4150	地球上出现海洋
	隐生代			4570	地球出现

太古宙，是我们的地球地质年代分期的第一个宙。

约开始于 40 亿年前，结束于 25 亿年前。

在这个时期里，地球表面很不稳定，地壳变化很剧烈，形成最古的陆地基础，岩石主要是片麻岩，成分很复杂，沉积岩中没有生物化石。晚期有菌类和低等藻类存在，但因经过多次地壳变动和岩浆活动，可靠的化石记录不多。

太古宙起始于内太阳系后期重轰炸期的结束。对月岩的同位素定年确定为 38.4 亿年前，地球岩石开始稳定存在并可以保留到现在。

太古宙结束于 25 亿年前的大氧化事件。以甲烷为主的还原性的太古宙原始大气，转变为氧气丰富的氧化性的元古宙大气，并导致了持续 3 亿年的地球第一个冰河时期：休伦冰河时期。

太古宙时期有细菌和低等蓝菌存在。太古宙是原始生命出现及生物演化的初级阶段。

在太古宙时期，出现了数量比较多的原核生物。原核生物，是由原核细胞组成的生物，包括蓝细菌、细菌、古细菌、放线菌、立克次氏体、螺旋体、支原体和衣原体等。

原核生物，拥有细菌的基本构造，并含有细胞质、细胞壁、细胞膜、鞭毛。

原核生物的呼吸方式为有氧呼吸，大多数原核生物能进行有氧呼吸。

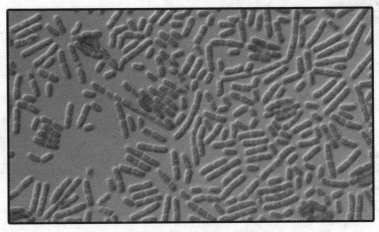

太古宙（距今 40 亿年至 25 亿年）蓝藻（原核生物）

地球上最早出现的生命是原核生物，细胞没有细胞核，遗传物质分散在细胞质中或集中在细胞的某些部位而形成"核区"。蓝藻是一种原核生物，没有细胞核，但细胞中央含有核物质，通常呈颗粒状或网状，染色质和色素均匀地分布在细胞质中。在所有藻类生物中，蓝藻是最简单、最原始的一种。

蓝绿藻开始于约 3 600 百万年前，结束于 3 200 百万年前。蓝绿藻，又称蓝藻，是地球上出现最早的原核生物，也是最基本的生物体，为自养生物，适应能力非常强，可忍受高温、冰冻、缺氧、干涸、高盐度、强辐射。从热带到极地，由海洋到山顶，85 ℃ 温泉，零下 62 ℃ 雪泉，27% 高盐度湖沼，干燥的岩石等环境下，蓝绿藻均能生存。

在距今 2 800 百万年到 2 500 百万年，我们的地球上出现了"第一次冰河期"。这次的冰河期，对生命的影响非常大。

到了元古代以后，我们的地球生物进化，基本上按照这个系表新陈代谢。

元古宇,是地层系统分类的第二个宇,是元古宙时期所形成的地层系统。

元古宙,是地质年代分期的第二个宙。

约开始于 25 亿年前,结束于 5.7 亿年前。

在这个时期里,地壳继续发生强烈变化,某些部分比较稳定,有大量含碳的岩石出现。藻类和菌类开始繁盛,晚期无脊椎动物偶有出现。地层中有低等生物的化石存在。

这一时期,我们的地球的地壳已经形成。

到地球进入太阳系前的一段时间,是一段没有阳光的地质时期。在这一段的前期,地壳的风化、剥蚀、搬运和沉积作用强,高山被剥低,在沟谷和坑洼地中沉积了巨厚的原始沉积。

在这一段的后期,地壳活动变弱,地表温度渐渐降低,到了冰点以下,形成全球性的冰川。在生物界,降落在地球上的原核生物开始复活和繁殖。由于没有阳光,其他降落到地球上的植物和动物处于休眠状态。原核生物开始繁殖。

元古宙时藻类和细菌开始繁盛,原核生物向真核生物演化,单细胞原生动物向多细胞后生动物演化。

叠层石始见于太古宙,而古元古代时出现第一个发展高潮。

由于藻类植物日益繁盛,它们的光合作用不断吸收大气中的二氧化碳,放出氧气,使大气圈和水体从缺氧发展到含有较多氧气的状态。

大气及水体中氧气的增多,给生物发展和演化准备了物质条件。

太古宙已出现菌类和蓝绿藻类,到元古宙得到进一步发展。

到了晚元古代,微古植物形体增大（50～100 μm）,种类繁多。

太古宙从无生命到有生命,是生物演化史上的一次飞跃,而**元古宙则是从原核生物到真核生物,从单细胞到多细胞,标志着我们地球生命进化进入一个新阶段。**

从距今约 2 500 百万年到 1 800 百万年,700 百万年（七亿年）期间就是始元古代,**始元古代分为成铁纪、层侵纪、造山纪三纪。**在始元古代大量出现了蓝藻、细菌。

始元古代的成铁纪,距今约 2 500 百万年到 2 300 百万年。成铁纪期间,蓝藻、细菌繁盛。

始元古代的层侵纪，距今约 2 300 百万年到 2 050 百万年。层侵纪期间，蓝藻、细菌繁盛。

始元古代的造山纪，距今约 2 050 百万年到 1 800 百万年。造山纪期间，蓝藻、细菌繁盛。

古元古代，距今约 1 800 百万年到 1 200 百万年，共 600 百万年。

古元古纪分为固结纪、盖层纪、延展纪三纪。

在古元古纪期间，蓝藻、细菌经过了几亿年的进化，终于进化出了大型宏观藻类。

固结纪，距今约 1 800 百万年到 1 600 百万年。固结纪期间，蓝藻、细菌繁盛。

盖层纪，距今约 1 600 百万年到 1 400 百万年。盖层纪期间，蓝藻、褐藻经过了近十亿年的进化，出现大型的宏观藻类。

延展纪，距今约 1 400 百万年到 1200 百万年。延展纪期间，蓝藻、褐藻发育，出现大型宏观藻类。

中元古代，距今约 1 200 百万年到 630 百万年，共 570 百万年。

中元古代分为狭带纪、拉伸纪和成冰纪三纪。

在中元古代，就已经出现大型的具刺源类和大陆板块。

狭带纪，距今约 1 200 百万年到 1 000 百万年。狭带纪期间，蓝藻、褐藻发育，出现大型宏观藻类。

拉伸纪，距今约 1 000 百万年到 850 百万年。拉伸纪期间，首次出现大型具刺凝源类，形成了古大陆（罗迪尼亚古大陆）。

成冰纪，距今约 850 百万年到 630 百万年。成冰纪期间，出现全球雪球事件，为生物低潮时期。

新元古代，距今约 630 百万年到 542 百万年，共 88 百万年，只有一个埃迪卡拉纪。

埃迪卡拉纪，是冥古宙、太古宙、元古宙（合称隐生宙）这三宙时期的最后阶段，有着特殊的意义。

埃迪卡拉纪的名字，来自南澳大利亚得里亚的埃迪卡拉山。在这个时期出现的软体生物，很少留下化石。在埃迪卡拉纪时期，已经出现了多细胞生物了。

显生宇，是地层系统分类的第三个宇，显生宙时期所形成的地层系统。

显生宇可分为古生界、中生界和新生界。

显生宙，是地质年代分期的第三个宙。

显生宙可分为古生代、中生代和新生代。

古生界，是显生宇的第一个界。 古生代时期形成的地层系统。

分为寒武系、奥陶系、志留系、泥盆系、石炭系和二叠系。

古生代，是显生宙的第一个代。

因此时的动物群显示古老的面貌而得名。

约开始于 5.7 亿年前，结束于 2.5 亿年前。

分为寒武纪、奥陶纪、志留纪、泥盆纪、石炭纪和二叠纪。

在这个时期里，生物界开始繁盛。动物以海生的无脊椎动物为主，脊椎动物有鱼和两栖动物出现。植物有蕨类和石松等，松柏也在这个时期出现。

寒武系，是古生界的第一个系。 寒武纪时期形成的地层系统。

寒武纪，是古生代的第一个纪，约开始于 5.7 亿年前，结束于 5.1 亿年前。

在这个时期里，陆地下沉，北半球大部被海水淹没。生物群以无脊椎动物尤其是三叶虫、低等腕足类为主，植物中红藻、绿藻等开始繁盛。寒武是英国威尔士的拉丁语名称，这个纪的地层首先在那里发现。

奥陶系，是古生界的第二个系。 奥陶纪时期形成的地层系统。

奥陶纪，是古生代的第二个纪，约开始于 5.1 亿年前，结束于 4.38 亿年前。

在这个时期里，岩石由石灰岩和页岩构成。生物群以三叶虫、笔石、腕足类为主，出现板足鲎类，也有珊瑚。藻类繁盛。奥陶纪由英国威尔士北部古代的奥陶族而得名。

志留系，古生界的第三个系。 志留纪时期形成的地层系统。

志留纪，古生代的第三个纪，约开始于 4.38 亿年前，结束于 4.1 亿年前。

在这个时期里，地壳相当稳定，但末期有强烈的造山运动。生物群中腕足类和珊瑚繁荣，三叶虫和笔石仍繁盛，无颌类发育，到晚期出现原始鱼类，末期出现原始陆生植物裸蕨。志留纪由古代住在英国威尔士西南部的志留人得名。

泥盆系，是古生界的第四个系。泥盆纪时期形成的地层系统。

泥盆纪，是古生代的第四个纪，约开始于 4.1 亿年前，结束于 3.55 亿年前。

这个时期的初期，各处海水退去，积聚厚层沉积物。后期海水又淹没陆地，并形成含大量有机物质的沉积物。因此岩石多为砂岩、页岩等。生物群中腕足类和珊瑚发育，除原始菊虫外，昆虫和原始两栖类也有发现，鱼类发展，蕨类和原始裸子植物出现。泥盆纪由英国的泥盆郡而得名。

石炭系，古生界的第五个系。石炭纪时期形成的地层系统。

石炭纪，古生代的第五个纪，约开始于 3.55 亿年前，结束于 2.9 亿年前。

在这个时期里，气候温暖而湿润，高大茂密的植物被埋藏在地下，经炭化和变质而形成煤层，故名。岩石多为石灰岩、页岩、砂岩等。动物中出现了两栖类，植物中出现了羊齿植物和松柏。

二叠系，是古生界的第六个系。二叠纪时期形成的地层系统。

二叠纪，是古生代的第六个纪，即最后一个纪。约开始于 2.9 亿年前，结束于 2.5 亿年前。

在这个时期里，地壳发生强烈的构造运动。在德国，本纪地层二分性明显，故名。动物中的菊石类、原始爬虫动物，植物中的松柏、苏铁等，在这个时期发展起来。

中生界，是显生宇的第二界。中生代时期形成的地层系统。

分为三叠系、侏罗系和白垩系。

中生代，是显生宙的第二个代。

分为三叠纪、侏罗纪和白垩纪。约开始于 2.5 亿年前，结束于 6 500 万年前。

这时期的主要动物，是爬行动物。恐龙繁盛，哺乳类和鸟类开始出现。无脊椎动物主要是菊石类和箭石类。植物主要是银杏、苏铁和松柏。

三叠系，是中生界的第一个系。三叠纪时期形成的地层系统。

三叠纪，是中生代的第一个纪，约开始于 2.5 亿年前，结束于 2.05 亿年前。

在这个时期里，地质构造变化比较小，岩石多为砂岩、石灰岩等。因本纪的地层最初在德国划分时分上、中、下三部分，故名。动物多为头足类、甲壳类、鱼类、两栖类、爬行动物。植物主要是苏铁、松柏、银杏、木贼和蕨类。

侏罗系，是中生界的第二个系。侏罗纪时期形成的地层系统。

侏罗纪，是中生代的第二个纪，约开始于 2.05 亿年前，结束于 1.35 亿年前。

在这个时期里，有造山运动和剧烈的火山活动。由法国、瑞士边境的侏罗山而得名。爬行动物非常发达，出现了巨大的恐龙、空中飞龙和始祖鸟，植物中苏铁、银杏最繁盛。

白垩系，是中生界的第三个系。白垩纪时期形成的地层系统。

白垩纪，是中生代的第三个纪，约开始于 1.35 亿年前，结束于 6500 万年前。因欧洲西部本纪的地层主要为白垩岩而得名。

在这个时期里，造山运动非常剧烈，中国许多山脉都在这时形成。动物中以恐龙为最盛，但在末期逐渐灭绝。鱼类和鸟类很发达，哺乳动物开始出现。被子植物出现。植物中显花植物很繁盛，也出现了热带植物和阔叶树。

新生界，是显生宇的第三个界。新生代时期形成的地层系统。

分为古近系（下第三系）、新近系（上第三系）和第四系。

新生代，是显生宙的第三个代。

分为古近纪（老第三纪）、新近纪（新第三纪）和第四纪。约从 6 500 万年前至今。

在这个时期，地壳有强烈的造山运动，中生代的一些爬行动物绝迹，哺乳动物繁盛，生物达到高度发展阶段，和现代接近。后期有人类出现。

古近系，是新生界的第一个系。古近纪时期形成的地层系统。可分为古新统、始新统和渐新统。

古近纪，是新生代的第一个纪(旧称老第三纪、早第三纪)。约开始于6 500万年前，结束于2 300万年前。

在这个时期，哺乳动物除陆地生活的以外，还有空中飞的蝙蝠、水里游的鲸类等。被子植物繁盛。古近纪可分为古新世、始新世和渐新世，对应的地层称为古新统、始新统和渐新统。

新近系，是新生界的第二个系。新近纪时期形成的地层系统。可分为中新统和上新统。

新近纪，是新生代的第二个纪(旧称新第三纪、晚第三纪)。约开始于2 300万年前，结束于160万年前。

在这个时期，哺乳动物继续发展，形体渐趋变大，一些古老类型灭绝，高等植物与现代区别不大，低等植物硅藻较多见。新近纪可分为中新世和上新世，对应的地层称为中新统和上新统。

第四系，是新生界的第三个系。第四纪时期形成的地层系统。是新生代的最后一个系，也是地层系统的最后一个系。可分为更新统（下更新统、中更新统、上更新统）和全新统。

第四纪，是新生代的第三个纪，即新生代的最后一个纪，也是地质年代分期的最后一个纪。约开始于160万年前，直到今天。

在这个时期里，曾发生多次冰川作用，地壳与动植物等已经具有现代的样子，初期开始出现人类的祖先（如北京猿人、尼安德特人）。第四纪可分为更新世（早更新世、中更新世、晚更新世）和全新世，对应的地层称为更新统（下更新统、中更新统、上更新统）和全新统。

地质年代及生命演化示意图

　　随着地球生命的新陈代谢和地球生命物种的新陈代谢，最后进化到了我们的人类世，我们的地球进入了新陈代谢更加丰富多彩、更加快速的新时代。

参考资料

1.《化学起源说》，百度百科[引用日期 2015-11-18]。

2. 谢平：《进化理论之审读与重塑》，北京：科学出版社，2016 年。

3.《地球最初生命形成证据浮出水面》，中科院[引用日期 2015-07-27]。

4.《神秘的生命起源》，中华人民共和国科学技术部[引用日期 2014-04-22]。

5.《揭开遗传密码子的起源之谜》，科学网，2015-10-09[引用日期 2015-10-31]。

6. The origin and evolution of earth，百度文库，2016-03-05[引用日期2017-02-18]。

7. 陈宣华、董树文、史静：《地质年代学发展历史的简要回顾及前景》，《世界地质》，2009（03）：384-396。

8. 陈文、万渝生、李华芹、张宗清、戴橦谟、施泽恩、孙敬博：《同位素地质年龄测定技术及应用》，《地质学报》，2011（11）：1917-1947。

九、用新陈代谢的哲学思维看历史发展

我们的地球演化到人类世，人类社会的新陈代谢就更加精彩了：不仅进行着社会形态的新陈代谢，即新的社会形态取代旧的社会形态；还进行着社会事事物物的新陈代谢，即新的社会事物层出不穷，旧的社会事物不断过时、消亡。

现在，让我们用新陈代谢的眼光来看看我们的人类社会的发展与进步。

我们人类社会最大的新陈代谢，是社会形态的新陈代谢，即用更进步、更有生命力的社会形态，取代落后的社会形态，就是社会形态的推陈出新。

原始社会，是人类最早的社会形态。

原始社会以亲族关系为基础，人口很少，经济生活平均主义。

社会控制，靠传统和家长来维系。

典型的原始社会，没有专职领袖。

年龄与性别相同的人，具有同等社会地位。

如有争执，按传统准则调停。

在我们的地球上，各地都有原始社会，形式多样：

有的以狩猎和采集经济为主；有的以渔业为主；

有的以简单的自然农业为主。

有的原始社会保持平均主义的性质；

有的逐步变成等级制度的社会，发展成为酋长领地。

原始社会是我们人类社会发展的第一阶段，世界上每个民族都经历过原始社会。

人类一出现，原始社会就产生了。

在原始社会，人类生产力水平很低，生产资料公有制。

后来随着生产力水平的提高，有产品剩余，就出现了贫富分化和私有制，共同分配、共同劳动的关系就被破坏，剥削关系代替共有关系。

中国的原始社会，起自大约 170 万年前的元谋人，止于公元前 21 世纪夏王朝的建立。

原始社会经历了原始人群和氏族公社两个时期。

氏族公社又经历了母系氏族公社和父系氏族公社两个阶段。

元谋人，是中国境内最早的人类。

北京人，是原始人群时期的典型。

山顶洞人，已经过着氏族公社的生活。

长江流域的河姆渡氏族、黄河流域的半坡氏族，是母系氏族公社的繁荣时期。

大汶口文化的中晚期，反映了父系氏族公社的情况。

在中华民族的传说中，大约 4 000 多年前，黄帝是生活在黄河流域原始部落的部落联盟首领。黄帝提倡种植五谷，驯养牲畜，使部落联盟逐步强大。

黄帝曾率领部落打败黄河上游的炎帝部落和南方的蚩尤部落。后来炎帝部落和黄帝部落结成联盟，在黄河流域长期生活、繁衍，构成了以后华夏族的主干成分。

黄帝被尊奉为华夏族的祖先。中华民族称为炎黄子孙，与此有关。

黄帝以后，黄河流域部落联盟的杰出首领，先后有尧、舜、禹。那时候，部落联盟首领由推选产生。

尧年老了，召开部落联盟会议，大家推举有才德的舜为继承人。尧死后，舜继承了尧的位置。舜年老了，把位置让给治水有功的禹。这就是"禅让"。

在原始社会的早期旧石器时代，人类主要采摘果实、狩猎或捕捞获取食物。

此时人们群居在山洞里，或部分地群居在树上，以果实、坚果和根茎为食物，同时集体捕猎野兽、捕捞鱼蚌维持生活。

在旧石器时代早期和中期，人们通过血缘关系维持家族。

血缘家族内部的婚姻，按照辈数划分，同一辈分的人互为夫妻，不同辈分之间不通婚。

这样，一个家族就是一个社会集团和生产单位。

家族内部两性有分工，男性狩猎，女性进行采集和抚育小孩。

到了旧石器时代晚期，随着生产力的发展，人类转入了相对的定居生活。

人口逐渐增多，原始人群为氏族公社所取代，形成了族外婚制。

互相通婚的两个氏族形成部落，一个氏族的成员必须和另一氏族的成员通婚。

此时，人们只知有母，不知有父，氏族的世系按母系计算，这是母系氏族。

原始社会的中石器时代，人们以石片石器和细石器为代表工具，石器已小型化，细石器被大量使用。人们广泛使用弓箭，驯狗，在一些地方还使用独木舟和木桨。

原始社会的新石器时代，人们使用磨制的石斧、石锛、石凿和石铲，人们使用琢制的磨盘和打制的石锤、石片、石器。

在新石器时代，母系氏族得到了全盛。

婚姻制度由群婚转向对偶婚，形成了比较确定的夫妻关系。

在氏族内部，除个人常用的工具外，所有的财产归集体公有。

有威望的年长妇女担任首领，氏族的最高权力机关是氏族议事会，参加者是全体的成年男女，享有平等表决权。

每个氏族都有自己的名称、共同信仰、领地。

当氏族内部的成员受到外人伤害，全族会为其复仇。

在原始社会时期，我们人类创造了象形文字，产生了原始宗教、图腾崇拜。艺术，也在产生了。

原始社会的象形文字，纯粹利用图形来作文字使用，文字与所代表的东西，在形状上很相像。象形文字是最早产生的文字。

世上最广为人知的象形文字，是古埃及象形文字"圣书体"。

中国西南部纳西族的东巴文、水族的水书，是现在仍在使用的象形文字系统。

汉字还保留象形文字的特征，但经过数千年的演变，已跟原来的形象相去甚远。

原始宗教，特征为万物有灵、多神崇拜，是多神教。

在新石器时代，产生了农业和畜牧业，磨光石器流行，人们制造并使用陶器。

原始社会的人们，把黏土加水混和后，制成各种器物，干燥后经火焙烧，制造陶器。

陶器的发明，是人类文明的重要进程，是人类第一次利用天然物，按照自己的意志创造一种崭新的东西。

陶器的发明，大大改善了人类的生活条件，开辟了人类历史的新纪元。

在新石器时代末期，人类已使用天然金属，后来学会了制作纯铜器。

由于纯铜的质地不如石器坚硬，不能取代石器，人们就金石并用。

公元前3000到公元前2000年左右，人类学会了制造青铜，进入了青铜时代。

公元前1000年到公元初年，铁器的使用，让人类进入铁器时代。

从金石并用时代到铁器时代，是原始社会的解体时期，也是阶级社会的形成时期。

这一时期，生产力有较大发展，出现了三次社会大分工。

随着农业和畜牧业在生产中的地位的提升，男性逐渐取代女性，取得了社会的主导地位，父系氏族公社形成了。

在父系氏族公社内，出身和世系按男子系统计算，实行父系财产继承制。

夫居妇家制，变成了妇居夫家制，不稳定的对偶婚逐步向一夫一妻制、一夫多妻制过渡。

妇女的地位逐渐下降，父系氏族首领改由男子担任，氏族议事会由各大家族的族长组成，原来由全体成年男女参加的氏族议事会，变为由全体成年男子参加。

随着生产力的发展，产品有了剩余，集体劳动逐渐被个体劳动取代，产生了私有制，出现了阶级。

氏族中出现了贵族阶层和平民阶层。

到了原始社会末期，以血缘关系结成的氏族开始破裂，一些氏族成员脱离氏族，和与他们没有血缘关系的人们杂居，氏族不断接纳外来人，出现了按地域划分的农村公社。

此时，原始社会基本上已经瓦解了，阶级间出现了斗争，出现了国家对人民的统治。

接着，原始社会成为了旧事物，奴隶社会则成为了新事物，奴隶社会取代原始社会。

随着石器的推陈出新，金属工具的出现，生产进一步发展，劳动生产率有了提高；社会产品开始有了剩余。

剩余产品的出现，让一部分人摆脱了繁重的体力劳动，专门从事社会管理、文化科学活动，促进了生产的发展，为私有制的产生准备了条件。

随着私有制的产生，出现了剥削阶级和被剥削阶级，原始社会解体，奴隶制度形成，奴隶社会取代了原始社会。

原始社会瓦解后，出现人剥削人的社会。奴隶主占有奴隶的人身，实行超经济奴役。

奴隶主居于主导地位。奴隶占有制的生产方式，决定着整个奴隶社会的前进方向。

奴隶社会最早出现于埃及、西亚、中国、印度，继而在希腊、意大利等地产生。

原始社会末期，由于生产力和分工的发展，劳动生产率提高，使劳动者能够生产剩余产品，奴役他人变为有利可图的事，于是出现了人类历史上第一个人剥削人的形式，即奴隶占有制。

最早的奴隶主，是原始社会内部分化出来的氏族贵族。

最早的奴隶，是氏族部落战争中俘虏的外族人。

随着原始社会的解体，氏族部落内部贫富分化不断加剧，富裕的氏族贵族对贫困的氏族成员的奴役日益加深。主要是债务奴役，无力还债的贫困氏族成员，被债主卖到其他氏族部落充当奴隶。惩罚罪犯、海盗掠夺、拐卖人口、奴隶买卖、家生奴隶等，也是奴隶的重要来源。

随着奴隶与奴隶主之间的矛盾斗争日趋激烈，奴隶制国家应运而生。

人类历史上最早出现的国家，都是奴隶制国家。

在奴隶社会，居民被分为自由民和奴隶两部分。

在自由民内部，一般又可分为：占有奴隶的奴隶主、不占有奴隶的自力谋生的劳动者。

奴隶内部，可划分为若干集团。

在自由民与奴隶之间，存在着过渡性阶层。

奴隶反抗奴隶主的斗争、被奴役的氏族部落反抗征服者的斗争，往往表现为大规模的起义。奴隶反抗奴隶主的方式通常是消极怠工、逃亡、破坏生产工具、杀死个别穷凶极恶的奴隶主。

奴隶社会是人类社会发展的一个阶段，多数民族和国家都经历过。

奴隶社会，大致可分为三种类型：

古希腊、罗马奴隶制；

古代东方奴隶制；

游牧民族奴隶制。

其中，又以古代东方奴隶制较为普遍。

古希腊、罗马奴隶制，又称古典奴隶制、劳动奴隶制，私人占有单身奴隶较为广泛。奴隶主拥有大量的单身奴隶，大奴隶主甚至占有数百以至数千奴隶。他们把奴隶用于农业、手工业、矿业和其他种类的生产，实行较大规模的奴隶协作。生产除了自身消费，商用也占相当的比重。

古代东方奴隶制，也称为"亚细亚生产方式"，是家庭奴隶制，广泛存在于古代东方，如中国、印度、两河流域。社会主要的生产者，是编制在次生形态的农村公社中的农民。与单身奴隶不同，农奴可以组织家庭，有自己的某些经济，但又是国王或君主的奴隶，阶级关系与农村公社关系、家长制关系结合在一起。东方奴隶社会的生产，更多的是自然经济。

游牧民族奴隶制，存在于古代游牧民族中，如中国的匈奴、鲜卑、契丹，中亚的厌达、吐火罗等，建立在游牧经济的基础上。游牧民族奴隶制，较稳固地保持某种程度的血缘关系和宗法关系，通过频繁的战争，掠夺和剥削被征服民族，变他们为自己的奴隶。

在反抗奴隶主剥削、奴役的斗争中，奴隶有时与自由民中的平民联合行动。

随着劳动工具的改善、生产技能的积累、劳动分工的发展，奴隶占有制的生产关系日益与社会生产力的进一步发展产生矛盾。

在奴隶社会末期，一批奴隶主变为了大土地所有者，广大自由民逐渐沦为被剥削被压迫的阶级，奴隶社会的矛盾日益激化。

奴隶制，是最残酷的剥削制度。当它发展到一定程度，经过它的发展期和全盛期，它所固有的生产力和生产关系的矛盾、经济基础与上层建筑的矛盾，便日趋尖锐。

奴隶和奴隶主两个阶级的斗争的最高形式是奴隶起义，或奴隶联合其他劳动人民的武装起义。奴隶们的武装起义，沉重打击了奴隶制度，动摇了奴隶主统治的基础，同时奴隶制经济也日益走向衰落。

奴隶制成为了旧事物，已经过时了。

经过一系列的社会改革，奴隶制生产方式逐渐变为封建制生产方式，奴隶社会被封建社会所代替。这个过程，中国发生在公元前 8 到公元前 3 世纪，罗马、印度发生在公元 4 世纪到公元 5 世纪。

各奴隶占有制国家，通过长期的社会变革，逐步走上了封建化的道路。

大土地所有者，演变为封建主；奴隶和自由民，转化为农奴。

以剥削农奴为主的封建生产方式，逐渐取代奴隶占有制为主导的生产方式。

于是，奴隶社会作为旧事物退出历史舞台，封建社会作为新事物取代奴隶社会。

地主阶级成为统治阶级，这样的社会就是封建社会。

地主阶级与农民阶级之间的矛盾，是封建社会的主要矛盾。

封建社会形成的自然经济是：以土地为基础，农业与手工业结合，以家庭为生产单位，具有自我封闭性、独立性，以满足自身需要为主。

在封建社会，地主阶级统治其他阶级的根本，为封建土地所有制。

地主阶级掌握土地，榨取地租，放高利贷，剥削其他阶级。

在封建社会地主制经济下，统治阶级剥夺劳动人民的土地所有权，主要以地租形式剥削农民。在封建社会中，领主制经济下的一切大土地所有者，如封建领主也叫地主。

地主制经济，以中国封建社会最为典型。

中国的封建地主，对自有土地采取多种经营形式：由自己经营，采取剥削僮奴或剥削雇工的形式；将土地分与他人经营，采取以地租剥削依附农、佃农的形式。

依附农在历代有私属徒、部曲、佃仆等类型；佃农在历代有佃客、庄户、田客、佃户等别称。唐宋以后，分租给佃农的形式，逐渐排斥和代替依附农形式，成为地主制经营中的典型形式。

地主阶级，是地主制经济下的主要剥削阶级，是封建社会主要的统治阶级，具有按封建等级制度划分的阶层。

在中国，地主主要有两种：

第一种地主，是地主阶级中最保守、最腐朽、最反动的阶层，它们是具有较高社会地位、享有政治特权的世族地主、缙绅地主，占有或强占、强买土地，隐瞒地产，少纳或转嫁田赋，并常庇荫亲族和其他丁口。

第二种地主，是一般的地主。他们社会地位较低，没有政治特权，主要是中小地主。他们既受豪强地主欺凌，又凭借财势勾结官府、欺压乡民。

封建社会的土地可以买卖，地主阶级的成分常有变动。

随着社会生产力的发展，取得地主身份所需土地的最低必要量降低，庶民地主在人数上的优势增大。

商品经济较大发展后，工商业者购买土地，出现了工商业地主。

中国地主制经济，是在生产力和商品经济有一定程度发展的条件下产生的。主要特征是：土地买卖、小农经营、实物地租。

中国春秋战国之际，铁制农具和牛耕的使用、推广，提高了农业生产力水平，个体劳动有了充足的物质条件，土地私有制确立。

商鞅变法，"除井田，民得买卖"，土地买卖合法化。

从秦汉到隋唐，历代封建王朝除了对贵族官吏赏赐土地之外，还实行占田、均田等制度，土地虽可买卖，但受一定限制。

宋代不立田制，土地买卖日益普遍。

土地买卖、土地兼并，成为社会动乱的经济根源。

一部分商人买土地，成为地主。

地主、商人、高利贷者紧密结合，缓和了土地权和货币权的矛盾。

一部分农民买土地，成为自耕农或地主，给地主制经济注入了活力。

随着土地买卖制度发展到某种极限程度，农民没有办法再生存下去，旧封建王朝就会覆灭，新封建王朝就会兴起。

一旦新的有足够势力的阶级出现，封建经济关系就会颠覆，建立资产主义的新生产关系。

中国封建社会的基本特点是：

在经济上，私人土地所有制占主导地位；

在政治文化上，实行高度中央集权专制制度；

在文化上，以儒家思想为核心；

在社会结构上，族权与政权相结合。

封建社会的地主阶级统治其他阶级的根本，是封建土地所有制。

在西方，所有土地属于国王，国王把土地封给贵族、功臣，贵族又把自己土地的一部分封给亲信，如此下分。

在中国，自商鞅变法起，就实行土地私有制，地主对辖内土地拥有绝对支配权，可以任意买卖。

在中国，地主占有土地，赶走原来的土地所有者（即农民），把土地租佃给无地农民，由农民自行开发、耕种，缴纳地租。

在西方，封建领主占有农田，把原来生息在这片领地上的农民囊括入自己的账簿，大批农民沦为农奴。

在中国封建社会里，农民们有名义上的人身独立，实际根本没有自由。

在西方，农奴被视为领主财产的一部分。但是，农奴只可使用，不可买卖。

西方封建主和中国封建主都拥有很大的权利，可以制约国王。每一个大的封建主，在自己辖内都拥有军队，俨然是"国中国"。

地主阶级，是地主制经济下的主要剥削阶级和统治阶级。

中国幅员广大、人口众多。北方发起的地主制经济，逐渐推及东南地区、西南地区，最后推及东北地区，推动了这些地区的开发，促进了全国社会经济文化的发展。

中国地主制经济长期的充分发展，有强大的经济基础与上层建筑，有光辉灿烂的封建文化。其内部经济结构，地主、商人、高利贷者三位一体，紧密结合搞剥削；小农业、家庭手工业紧密结合，异常坚固。其宗法制度、中央集权的官僚制度、完备的封建思想体系，举世闻名。

充分发展的经济基础与上层建筑，对发展社会生产力有较大的适应能力，对调节社会矛盾有较大的回旋余地，能够延长地主制经济的寿命，中国封建社会可长期延续。

地主和农民，是地主制经济下的两大对抗阶级。

中国历代中央集权的封建君主专制国家，是中国地主阶级的统治工具：在政治上压迫农民，又通过赋税和徭役从经济上剥削农民；为维护地主阶级的根本利益，采取垦荒、兴修水利、仓储、赈恤、蠲免等政策措施，当然这在客观上也有利于农民。

当阶级矛盾尖锐化的时候，特别是由于封建政权的苛征暴敛，往往爆发大规模的农民起义。中国历史上的农民起义规模大、次数多。

每一次重要的农民起义，都不同程度地打击了地主阶级，推动了封建生产关系的调整，有利于社会经济的恢复和发展。

在封建社会中，存在相当明显的阶级制度，如中国的宗法制，西欧的教主-国王-领主-爵士制，形成金字塔式的统治架构。

从根本上动摇封建统治的，是对封建生产关系的破坏。

资产阶级革命旨在改变封建土地所有制，从而改变整个封建制度。

其中最为典型的，就是资本主义的基本生产关系，就是雇佣劳动制。

最早的资本主义，诞生于当时商品经济发达的意大利，如佛罗伦萨、威尼斯等地区。

代表资本主义的商品经济，以商品交换、商品生产为核心。

生产的目的，由单一满足转变为向社会提供产品，有别于封建制度。

随着商品经济的发展，封建的自然经济受到冲击、解体，农民与手工业者开始丧失生产资料，成为无产阶级，再由工厂主资产阶级与他们签订雇佣协议。

接着，形成了新的生产关系：雇佣劳动制。

随着资本主义经济的发展，原有封建自然经济解体，日益强大的资产阶级有能力扫清一切有悖于发展资本主义的因素，最终推翻封建社会，建立资本主义国家。

资本主义成为了新事物，封建主义成为了旧事物。

资本主义取代封建主义，这是一个极为了不起的新陈代谢。

资本主义取代封建社会，是人类历史新陈代谢的必然。

资本主义生产关系，产生于封建社会内部。

封建社会经济结构的解体，使资本主义的要素得到解放。

14、15 世纪，地中海沿岸的某些城市（例如威尼斯），出现了资本主义生产关系的萌芽。

资本主义时代是从 16 世纪才开始的。

封建社会末期，商品经济的发展，促进了自然经济的解体，小商品生产者两极分化，资本的原始积累加速了这种分化。

大批失去生产资料的劳动者，不得不出卖自己的劳动力。

巨额的货币、生产资料，集中在少数人手里，转化为资本。

资本原始积累，强制劳动者同他们的生产资料分离，剥夺农民土地。

无产者一是从小商品经济分化出来；二是从商人和高利贷者转化而成。

自给自足的自然经济被破坏，大量农民、手工业者破产，给资本主义提供了自由劳动力，造成了商品市场，劳动力转化为商品，生产资料转化为资本。

简单商品生产向资本主义生产过渡，封建剥削变成资本主义剥削。

资本原始积累，还包括对殖民地的侵占、掠夺。

资本主义生产方式，同封建制度的地方特权、等级制度、人身依附，是相矛盾的。

随着资本主义的发展，资产阶级的经济力量、政治力量不断壮大，为资产阶级革命准备了条件。

荷兰在 16 世纪末，英国在 17 世纪中叶，法国在 18 世纪末，德国及其他一些国家在 19 世纪中叶，先后爆发资产阶级革命，变革了封建制度，为新兴资本主义生产方式取代封建生产方式扫清了道路。

经过工业革命，由工场手工业过渡到机器大工业以后，资本主义经济最终确立。

15 世纪末的地理大发现，殖民地的开拓，使资本主义销售市场扩大了许多倍，加速了手工业向工场手工业的转化。

资本主义工场手工业在工场内部实行劳动分工，与简单协作的手工业相比，大大提高了劳动生产率。

到 18 世纪，英国等先进的资本主义国家，国内市场与世界市场的迅速扩大，同工场手工业的狭隘技术基础发生矛盾。

资本家为了更多的利润，进一步改进生产技术，发生了工业革命。

机器大工业，标志着资本主义生产的物质基础已经建立。

资产阶级和无产阶级这两大对抗阶级，成为资本主义社会基本的阶级结构。

科学技术不断进步，应用于生产，生产力迅速发展，使资本主义生产关系扩展到一切生产部门，也使无产阶级和资产阶级的对抗进一步发展。

在资本主义的产生、发展上，各个国家具有共同的规律、类似的后果，也具有各自的特点。

在封建社会，地主将土地租给农民，租期内土地由农民掌控，定时向地主交地租和其他税赋。资本主义，让农业工人到农业资本家的农场干活，拿钱离开，不掌控土地。资本家与工人之间是雇佣关系。

在资本主义社会，资本主导社会经济、政治，绝大部分生产资料归个人所有，借助雇佣劳动创造价值。创造的价值分为五部分：税金、租金、利润、劳动价值、企业家才能。

在资本主义制度里，商品、服务借助货币，在自由市场里流通。

个人决定投资，生产和销售，由公司、工商业控制，并互相竞争，力求利润最大化。

现在的资本主义经济体，综合了自由市场、国家干预、某种程度上的经济计划。

资本主义要求，不同资本对不同资源发挥各自的作用、价值。

资本家雇佣工人、白领进行生产，公司股份分配到大众手中，资本不断社会化，进行自身进化和升华，使资本主义推动经济市场的社会化。

经济上，资本主义以私营经济为主，没有政府干预，或者政府干预很少。

政治上，资产阶级政党掌权，实行资本主义的民主政治制度。

一方面，资本主义生产力高度发展，社会富裕，如从 18 世纪开始发展的西欧及美国；另一方面，资本主义生产力低下，社会贫穷，例如拉美诸国。

商品生产发展到很高阶段，成为社会生产普遍的统治形式，劳动力变成商品。

资本家占有生产资料，雇佣劳动，剥削工人阶级，生产的目的是创造利润，攫取工人创造的剩余价值。

在资本主义社会，使用机器进行大生产，生产社会化同资本主义的私人占有之间的矛盾，构成资本主义社会的基本矛盾，此矛盾贯穿于资本主义发展的始终。在经济上具体表现为个别企业生产有组织和整个社会生产的无政府状态的矛盾；在政治上表现为资产阶级和无产阶级的矛盾。

资本主义的发展经历两大阶段：自由竞争资本主义、垄断资本主义。

与资本主义生产关系的统治形式相适应，产生了资产阶级的国家政权、法律制度和思想体系，形成了资本主义生产方式、资本主义的上层建筑。

社会化生产和资本主义所有制之间的矛盾，还表现为个别企业生产的组织性和整个社会生产的无政府状态之间的对立。

简单商品生产，已经包含着社会生产无政府状态的萌芽，资本主义生产方式把这种无政府状态推向极端。

大工业和世界市场的形成，使资本家之间的斗争普遍而空前激烈。

为了占有更多的剩余价值，资本家竭力应用科学技术的成果，不断改进机器，加强自己企业社会化生产的组织性，这也不断加剧整个社会生产的无政府状态。

资本主义大工业巨大扩张，遇到市场相对狭小的限制，冲突便不可避免。

1825 年以来，资本主义经济危机周期性爆发。

危机中，资本主义生产方式的全部机构失灵。

周期性经济危机，迫使资本家阶级在资本关系内部可能的限度内，部分地承认生产力的社会性质，于是资本集中，产生股份公司、垄断组织、国家占有。

19 世纪末 20 世纪初，资本主义从自由竞争阶段过渡到它的最高阶段，即垄断资本主义阶段。

在资本主义经济里，绝大多数的生产能力，都属于公司组织所有。

资本主义制度的组织是法人。

特定形式的法人由股东所有，股东在市场上买卖他们的股票。

股票也将公司的所有权转化为可贸易的商品。

所有权的权利被分割为股票的单位，使它们更容易买卖。

股票贸易，首先于 17 世纪的欧洲出现，并逐渐扩张和发展。

当公司的所有权由许多股东分摊时，股东们通常能依据其持有之股份投票，行使公司内部的权力。

在更广泛的程度上，生产能力的控制权，属于公司的股东们。

股东能决定如何使用生产能力。

在更大的公司里，权力架构通常有一套等级制度、管理的科层制度。

公司的股东能取得公司所产生的利润、收益，有时候是红利，有时候是高价位出售股票。他们将这些利润再次进行投资，扩展公司的利润和价值。

他们可以将公司变卖，分摊变卖所得的资金。

在资本主义经济里，银行买卖货币，提供资本。

按产业结构区分，资产阶级可分为：工业资产阶级和农业资产阶级。

世界资本主义生产关系，最早在欧洲出现。

16 世纪时，手工形式的资本主义生产在欧洲广泛流行。

直到 18 世纪 60 年代工业革命兴起之前，手工工场一直是工业中生产组织的基本形式。

英国从 18 世纪 60 年代兴起了工业革命，手工形式的资本主义生产形式逐渐消失，被大机器工业所取代。手工工场和大机器工业的经营者，就是工业资产阶级。

工业资产阶级，构成资产阶级的主要社会成分。

工业资产阶级的最早来源，是手工业资产阶级。

手工业生产的发展，推动了商业、金融事业的发展，从工业资产阶级中又分化出商业资产阶级和金融业资产阶级。

农业资本主义萌芽，最早出现在英国、尼德兰、法国的一些地区。

随着商品经济的发展，一部分富裕的农民，雇佣少地的农民为自己耕种；一部分封建主，为了扩大商品生产，雇佣农业工人，取代依附农民。他们在大规模的农场上，雇佣工人，进行农业生产。**这部分人，就是早期的农业资产阶级。**

在英国，这部分人被称为"新贵族"，以区别于封建旧贵族。他们政治上希望废除落后的封建制度，以利于资本主义的发展。

农业资产阶级生产的最初形式，是资本主义农场。

资产阶级在历史上，起过进步作用。

在资本主义上升时期，资产阶级领导资产阶级革命，领导人民推翻封建制度，建立起资本主义制度，促进了社会生产力的发展，是当时先进生产方式的代表。

马克思和恩格斯说过："**资产阶级在它的不到一百年的阶级统治中所创造的生产力，比过去一切世代创造的全部生产力还要多，还要大。**"

资产阶级掌权后，对无产阶级和劳动人民实行专政，加强剥削和压迫，趋于反动。

资本主义发展到帝国主义阶段以后，垄断资产阶级依靠垄断组织，对内残酷镇压、剥削无产阶级和劳动人民，操纵本国的经济和政治；对外疯狂掠夺、侵略经济不发达的国家或地区，控制世界范围的经济和政治。

垄断资产阶级，成为全世界无产阶级和被压迫民族的共同敌人，成为无产阶级世界社会主义革命的对象。在无产阶级运动中，资本主义成为旧事物，社会主义成为新事物，社会主义取代资本主义，成为了人类历史新陈代谢的又一个事件。

中国的社会主义改革开放，是 1978 年 12 月中国共产党十一届三中全会决定，中国开始对内改革、对外开放。

中国对内改革，先从农村开始。

1978 年 11 月，安徽省凤阳县小岗村实行"分田到户，自负盈亏"的家庭联产承包责任制（大包干），拉开了中国对内改革的大幕。

1979 年 7 月 15 日，中共中央正式批准：

广东、福建两省，在对外经济活动中实行特殊政策、灵活措施。

从此，中国迈开了改革开放的历史性脚步。

对外开放，成为中国的一项基本国策，成为了中国的强国之路，是中国社会主义事业发展的强大动力。

中国的改革开放，建立了中国的社会主义市场经济体制。

1992 年，中国改革进入了新阶段，中国经济社会发生了巨大的变化。

1992 年 10 月，召开了中国共产党的十四大，宣布新时期最鲜明特点是改革开放，中国进入新的改革时期。

2013 年，中国进入全面深化改革新时期。

改革开放，是中国共产党在社会主义初级阶段基本路线的两个基本点之一，是中共十一届三中全会以来进行社会主义现代化建设的总方针、总政策。

改革开放，是中国强国之路，是党和国家发展进步的活力源泉。

社会主义改革，即中国的对内改革，就是在坚持社会主义制度的前提下，自觉地调整和改革生产关系同生产力、上层建筑同经济基础之间不相适应的方面和环节，促进社会主义生产力的发展和各项事业的全面进步，更好地实现最广大人民群众的根本利益。

社会主义开放，即中国的对外开放，是加快我国现代化建设的必然选择，符合当今时代的特征和世界发展的大势。

社会主义改革开放，是中国共产党在新的时代条件下带领中国人民进行的新的伟大社会革命，就是要解放生产力，发展生产力，实现现代化，让中国人民富裕起来，振兴中华民族。

社会主义改革开放，就是要推动中国社会主义制度自我完善和发展，赋予社会主义新的生机活力，建设和发展中国特色社会主义。

数十年来的改革开放，让中国经济社会发展的态势十分迅猛。

事实已经说明，社会主义改革开放，可以让中国快速实现梦想，创造出一个崭新的中华民族。**社会主义改革开放，正在加速我们中华民族的新陈代谢，绽放应有的魅力和光辉。**

人类社会的新陈代谢，在当代社会，最主要的是物质技术的新陈代谢。

让我们来看看几个近年来的实际事例吧。

先看看手机的历史演变：

手机，就是移动通讯电话，分为智能手机、非智能手机。

智能手机，像个人电脑一样，具有独立的操作系统，大多数是大屏机，触摸电容屏；也有部分是电阻屏，功能强大、实用性高。

1831 年，英国的法拉第发现了电磁感应现象，麦克斯韦进一步用数学公式阐述了法拉第等人的研究成果，并把电磁感应理论推广到了空间。

60 多年后，赫兹在实验中证实了电磁波的存在。电磁波的发现，成为"有线电通信"向"无线电通信"的转折点，是整个移动通信的发源点。

1902 年，一位叫作"内森·斯塔布菲尔德"的美国人，在肯塔基州默里的乡下住宅内，制成了第一个无线电话装置，可无线移动通讯，这就是人类对"手机"技术最早的探索研究。

1940 年，美国贝尔实验室制造出战地移动电话机。

1946 年，从圣路易斯的一辆行进的汽车中，打出了第一个电话，是由移动电话拨打的电话。

1957 年，苏联杰出的工程师列昂尼德·库普里扬诺维奇发明了ЛК-1型移动电话。1958 年，他对自己的移动电话做了进一步改进。设备重量从 3 千克减轻至 500 克(含电池重量)，外形精简至两个香烟盒大小，可向城市里的任何地方进行拨打，可接通任意一个固定电话。到 60 年中期，库普里扬诺维奇的移动电话已能够在 200 千米范围内有效工作。

1958 年，苏联研制世界上第一套全自动移动电话通讯系统"阿尔泰"(Алтай)。

1959 年，性能杰出的"阿尔泰"系统，在布鲁塞尔世博会上获得金奖。

1973 年，一名男子站在纽约的街头，掏出一个约有两块砖头大的无线电话，开始通话。这个人就是手机的发明者马丁·库帕。当时他还是摩托罗拉公司的工程技术人员。这是当时世界上第一部移动电话。

1975 年，美国联邦通信委员会(FCC)确定了陆地移动电话通信和大容量蜂窝移动电话的频谱，为移动电话投入商用做好了准备。

1979 年，日本开放了世界上第一个蜂窝移动电话网。

1982年，欧洲成立了GSM(移动通信特别组)。

1985年，第一台现代意义上的可以商用的移动电话诞生，重量达3千克。

与现代形状接近的手机诞生于1987年，重量仍有大约750克，像一块大砖头。

1991年，手机重量为250克左右。

1996年秋，出现了体积为100立方厘米，重量为100克的手机。

1999年以后，手机就轻到了60克以下。

1G：第一代手机。

模拟的移动电话，也就是在20世纪八九十年代中国香港、美国等影视作品中出现的大哥大。

最先研制出手机的，是美国的Cooper博士。

由于当时的电池容量限制和模拟调制技术，受到硕大的天线和集成电路的发展状况等制约，这种手机外表四四方方，只可移动，算不上便携。很多人称呼这种手机为"砖头"或黑金刚等。

这种手机有多种制式，如NMT、AMPS、TACS，基本上使用频分复用方式，只能进行语音通信，收讯效果不稳定，保密性不足，无线带宽利用不充分。

此种手机，类似于简单的无线电双工电台，通话锁定在一定频率，使用可调频电台就可以窃听通话。

2G：第二代手机。

使用GSM或CDMA这些十分成熟的标准，具有稳定的通话质量和合适的待机时间。

在第二代中，为了适应数据通讯的需求，一些中间标准也在手机上得到支持，例如支持彩信业务的GPRS和上网业务的WAP服务，以及各式各样的Java程序等。

2.5G：一些手机厂商将自己的一些手机称为2.5G手机，因为其拥有GPRS功能。

2.75G：一些手机厂商将自己的一些手机称为2.75G手机，因为其拥有比GPRS速率更快的EDGE功能。

3G：第三代移动通信技术。

将无线通信与国际互联网等多媒体通信结合，能够处理图像、音乐、视频流等多种媒体形式，提供包括网页浏览、电话会议、电子商务等多种信息服务。

在室内、室外、行车的环境中，能够分别支持至少 2Mbps（兆比特/每秒）、384kbps（千比特/每秒）以及 144kbps 的传输速度。

国际电联规定：3G 手机为 IMT-2000（国际移动电话 2000）标准。

欧洲的电信业巨头们，称其为"UMTS"通用移动通信系统。

国际上 3G 手机（3G handsets）有 3 种制式标准：欧洲的 WCDMA 标准、美国的 CDMA2000 标准和由中国科学家提出的 TD－SCDMA 标准。

3.5G：采用 HSDPA、HSDPA＋、HSDPA 2+及 HSUDA，可以让用户享用 7.2M 到 42M 的下载速率。在提供高速数据服务的同时，安全性也得到了改善。

3.5G 手机偏重于安全和数据通讯，加强个人隐私保护、数据业务的研发。

更多的多媒体功能被引入进来，手机具有更加强劲的运算能力，不再只是个人的通话和文字信息终端，而是更多功能性的选择。

移动办公及对通讯的强劲需求，将使手机与个人电脑的融合趋向加速，手机将逐渐拥有个人电脑的功能，这方面，在中国的手机市场上已经得到了充分的体现。

4G：第四代移动通信及其技术。

能够传输高质量视频图像，图像传输质量与高清晰度电视不相上下。

中国主导制定的 TD-LTE-Advanced，成为 4G 国际标准之一。

在 5G 方面，推动形成全球统一的 5G 标准，基本完成 5G 芯片及终端、系统设备研发，推动 5G 支撑移动互联网、物联网应用融合创新发展，为 2020 年启动 5G 商用奠定基础。

5G 时代来了。

3G 时代来临时，安卓、苹果抓住机遇，迅速发展。苹果、HTC、三星等手机厂商迅速崛起，而老牌的诺基亚、摩托罗拉开始衰落。

5G 时代的到来，就是中国华为的时代。

在 5G 标准上，华为已经成为标准的制定者之一，而且是唯一的一家手机厂商。

华为的 5G 产品正在研发之中。

到 2019 年，华为将会正式上线全球首款的 5G 手机，抢占先机。

5G 时代，是网速的进步。

5G 网速是 4G 的 100 倍，而且在大数据、VR、人工智能、云计算等领域将广泛应用，手机可能会成为万物互联的核心。

5G 网络主要有三大特点：

高速率，不仅仅是一秒钟下载 30 部电影这么简单，VR、AR、云技术将与生活无缝对接；

高可靠，低时延，让无人驾驶、远程手术不再遥远；

超大数量终端网络，将形成更广阔和开放的物联网，让智慧家居、智慧城市成为可能。

每一代手机的出现，都是新事物，都要取代旧手机，都要加速手机界的新陈代谢。

当前中国人的 5G 手机，就是手机界的新事物，将为手机界的新陈代谢创造奇迹。

再看看中国高铁的历史演变：

中国高速铁路（CRH），新建设计开行 250 千米/小时（含预留）及以上动车组列车，初期运营速度不小于 200 千米/小时，是铁路客运专线。

中国大陆铁路，分高速铁路、快速铁路和普通铁路。

中国高铁居高铁级，而国铁 I 级只用于快速铁路和骨干线普通铁路。

中国通过引进加创新，研制了 CRH 系列动车组。

2016 年中国高铁运营里程超过 2.2 万千米，占全球高铁运营里程的 65%以上。

1997 年 1 月韶山 8 型电力机车，212.6 km/h 北京环行铁道。

1998 年 6 月 24 日韶山 8 型电力机车，240 km/h 京广铁路。

2002 年 12 月 9 日 NZJ2"神州号"内燃动车组，210.7 km/h 秦沈客运专线。

1998 年 X2000"新时速"摆式电力动车组，200 km/h 广深铁路。

1999 年 9 月 DDJ1"大白鲨"电力动车组，223 km/h 广深铁路。

2000 年 10 月 DJJ1"蓝箭"电力动车组，235.6 km/h 广深铁路。

2001 年 11 月 11 日 DJF2"先锋"电力动车组，249.6 km/h 广深铁路。

2002 年 9 月 10 日 DJF2"先锋"电力动车组，292.8 km/h 秦沈客运专线。

2002 年 11 月 27 日 DJJ2"中华之星"电力动车组，321.5 km/h 秦沈客运专线。

2008 年 4 月 24 日 CRH2C"和谐号"电力动车组试验，390 km/h 京津城际铁路。

2010 年 2 月 6 日 CRH2C"和谐号"电力动车组试运行，394.2 km/h 郑西客运专线。

2009 年 12 月 9 日 CRH3C"和谐号"电力动车组试运行（两车重联），394.2 km/h 武广客运专线。

2008 年 6 月 24 日 CRH3C"和谐号"电力动车组试验，394.3 km/h 京津城际铁路。

2010 年 9 月 28 日 CRH380A"和谐号"电力动车组试运行，416.6 km/h 沪杭客运专线。

2010 年 12 月 5 日 CRH380BL"和谐号"电力动车组试运行，457 km/h 京沪客运专线。

2010 年 12 月 3 日 CRH380AL"和谐号"电力动车组试运行，486.1 km/h 京沪客运专线。

2011 年 1 月 9 日 CRH380BL"和谐号"电力动车组试验编组，487.3 km/h 京沪客运专线。

中国动车组主流品牌 CRH 系列，是高速列车，不是高铁。

从 CRH2C 开始，出现多种高速动车组（前面各型 CRH 都运行于快铁线，是普通动车组，被称 D 字头列车），发展出 CRH380 系列，研制中国标准动车组。

中国高铁最先用的是 CRH2C，时速为 250～350 千米。

2008 年—2009 年起，陆续开通了京津城际和武广高铁等高速铁路，高铁使用时速更高的 CRH2C 等高速动车组。

比较：CRH1 系列和 CRH2A\2B\2E 标准时速 200，全是普通动车组即 D 字头列车，是快铁级别。CRH6 是城际动车组，主要是时速 200 级别（城际动车组列车标号 C，有不同时速），升级到 CRH3C，为 4 动 4 拖，最高运营速度达 350 km/h，专门适应中国高速铁路。

比较：CRH3A 型动车组，可根据不同运营线路的需求，分别以时速 160 千米、时速 200 千米、时速 250 千米三个速度等级运行。CRH2G 高寒型，用于兰新快铁时速 200，用于哈大高铁时速 250 及以上。

CRH3A 型有 160、200、250 三个时速等级；CRH5 型也多类，CRH5A 为 8 节车厢编组，250 千米级别，最低运营时速 200 千米，具有提速至 300 千米的条件。

从 CRH2C 基础上发展出 CRH380 系列，标准时速即持续运营时速为 350 千米，最高运营时速为 380 千米，最高试验时速 490 千米以上，专门适应中国高速铁路。

CRH380A 衍生车型有 CRH380AL（L 是长、长编组，16 个车厢）、统形 CRH380A、CRH380B、CRH380C、CRH380D。

中国标准动车组（CEMU），形成中国标准体系的动车组，其功能标准和配套轨道的施工标准，都高于欧洲标准和日本标准，具有鲜明而全面的中国特征。

2016 年 8 月 15 日，青岛造中国标准动车组，载客运行时速 350 千米。G8041 次列车驶出大连北站，沿着哈大高铁开往沈阳站。这是中国标准动车组首次载客运行。

1998 年 5 月，广深铁路电气化提速改造完成，设计最高时速为 200 千米。

1998 年 6 月，韶山 8 型电力机车于京广铁路的区段试验中达到了时速 240 千米的速度，创下了当时的"中国铁路第一速"，是为中国第一种预备型高速铁路机车。

为了研究通过摆式列车在中国铁路既有线实现提速至高速铁路的可行性，同年 8 月，广深铁路率先使用向瑞典租赁的 X2000 摆式高速动车组。

全线采用了众多达到 1990 年代国际先进水平的技术和设备, 当时广深铁路被视为中国由既有线改造踏入快速铁路和高速铁路的开端。

中国铁路高速化的过渡, 始于 1999 年兴建的秦沈客运专线。

全长 404 千米, 于 2003 年开通运营。

2003 年后, 为了提升中国铁路在世界的竞争力, "铁路跨越式发展", 新建高速铁路的设计时速为 350 千米 (1985 年联合国欧洲经济委员会在日内瓦签署《国际铁路干线协议》规定: 新建客货运列车混用型高速铁路时速为 250 千米, 新建客运列车专用型高速铁路时速为 350 千米以上)。

秦沈客运专线没有被列入 "高铁" 之列。

自 2007 年 CRH 动车组被引进中国第六次大提速后, 秦沈客运专线可以允许动车组 "全路以时速 250 千米甚至 270 千米的速度持续高速运行"。

相比于此, 其余的提速, 既有线虽然也可以达到时速 200 千米, 但是由于早期基础设计标准较低, 提速改造工程施工难度过大, 使得运营速度能真正实现高于 200 千米/小时的线路长度比例严重受限, 从而对列车的行车表定速度也会有影响。

2004 年 1 月, 国务院常务会议讨论并原则通过历史上第一个《中长期铁路网规划》, 以大气魄绘就了超过 1.2 万千米 "四纵四横" 快速客运专线网。

同年, 中国在广深铁路, 首次开行时速达 160 千米的国产快速旅客列车。

广深铁路, 成为中国快速铁路成长、成熟的 "试验田"。

2004 年第四次中国铁路大提速, 快速铁路建设引进加创新, 攻克了九大核心技术, 探索了高铁条件。

2004 年至 2005 年, 中国北车长春客车股份、唐山客车公司、南车青岛四方, 先后从加拿大庞巴迪、日本川崎重工、法国阿尔斯通和德国西门子引进技术, 联合设计、生产高速动车组。

2007 年 4 月 18 日, 实施中国铁路第六次大提速和新的列车运行图。

快速铁路达 6003 千米, 采用 CRH 动车组。

繁忙干线提速区段达到时速 200 至 250 千米。

这是世界铁路既有线提速最高值。

京广高铁武广段 2009 年 12 月 9 日试运行成功，于 26 日正式运营。

最高运营速度达到 394 里/小时，武汉到广州 3 个小时便可到达。

武汉到广州间，由原来的约 11 小时缩短到 3 小时左右。

武汉到长沙，直达仅需 1 个小时。

长沙到广州，直达仅需 2 小时。

武广高铁，成为世界上运营速度最快、密度最大的高速铁路。

武广高铁，还是中国第一条 350 千米/小时速高铁。

2008 年 2 月 26 日，原铁道部和科技部签署计划，共同研发运营时速 380 千米的新一代高速列车。

2008 年 8 月 1 日，中国第一条具有完全自主知识产权、世界一流水平的高速铁路京津城际铁路通车运营。

2009 年 12 月 26 日，世界上一次建成里程最长、工程类型最复杂、时速 350 千米的武广高铁开通运营。

2010 年 2 月 6 日，世界首条修建在湿陷性黄土地区、连接中国中部和西部、时速 350 千米的郑西高速铁路开通运营。

2012 年 12 月 1 日，世界上第一条地处高寒地区的高铁线路哈大高铁正式通车运营。921 千米的高铁，将东北三省主要城市连为一线，从哈尔滨到大连，冬季只需 4 小时 40 分钟。哈大高铁，以冬季时速 200 千米的"中国速度"行驶在高寒地区，成为一道亮丽的风景线。

截至 2012 年年底，中国高速铁路总里程达 9 356 千米。

2013 年以来，随着宁杭、杭甬、盘营高铁以及向莆铁路的相继开通，高铁新增运营里程 1 107 千米，中国高铁总里程达到 12 000 千米，"四纵"干线基本成型。

2014 年 11 月 25 日，装载"中国创造"牵引电传动系统和网络控制系统的中国北车 CRH5A 型动车组，进入"5 000 千米正线试验"的最后阶段。

这是国内首列实现牵引电传动系统和网络控制系统、完全自主创新的高速动车组，标志着：中国高铁列车核心技术，正实现由"国产化"向"自主化"的转变；中国高铁列车，实现由"中国制造"向"中国创造"的跨越。这大力提升了中国高铁列车的核心创造能力，夯实了中国高铁走出去的底气。

2014 年 4 月 3 日，完全自主化的中国北车 CRH5 型动车组牵引电传动系统，通过了中国铁路总公司组织的行业专家评审。

2014 年 10 月 22 日，完全自主化的中国北车 CRH5 型动车组列车网络控制系统（"高铁之脑"），通过中国铁路总公司组织的技术评审，获准批量装车，成为国内首个获准批量装车运行的动车组列车网络控制系统。随后，装载中国北车自主化牵引系统的 CRH5A 型动车组，在哈尔滨铁路局开展正线试验。

2014 年，中国铁路新线投产，规模创历史最高纪录，铁路营业里程突破 11.2 万千米。高速铁路营业里程超过 1.6 万千米，稳居世界第一。中西部铁路建设掀起高潮，营业里程达到 8 万千米，占全国铁路营业总里程的 62.3%。

2015 年 11 月 25 日 11 时整，李克强与中东欧 16 国领导人，共同登上从苏州开往上海的高铁列车。作为国人眼中的"高铁代言人"，李克强走到哪里，"超级推销"的旋风就刮到哪里。2015 年 11 月，16+1 来到中国主场，当然更要让合作伙伴们好好感受一把已在国际上享有盛誉的中国高铁。

2005 年 11 月 25 日，一趟高铁，中国总理邀请中东欧 16 国领导人一起乘坐！

2016 年 7 月 15 日上午 8 时 30 分，代表着中国标准动车组试验任务的最高最新成果，一列中国标准动车组列车，从郑州东站出发，开始全新"试跑"。这是由我国自行设计研制、全面拥有自主知识产权的中国标准动车组。11 点 19 分，两辆动车组以时速 420 千米，在郑徐高铁河南省商丘市民权县境内交会，新的动车交汇速度世界纪录就此诞生。

此次中国标准动车组在郑徐高铁上进行的综合试验，成功获取了中国标准动车组运行能耗数据、振动噪声特性，探索了时速 400 千米及以上高速铁路系统关键技术参数变化规律，为深化我国高速铁路轮轨关系、弓网关系、空气动力学等理论研究和高速铁路核心技术攻关、运营管理，提供了有力的技术支撑。

2016 年 9 月 10 日，连接京广高铁与京沪高铁两大干线，设计时速 350 千米郑徐高铁开通运营。

中国高铁，是全世界的新事物，不仅在中国跑，还要在世界跑，跑出

中国人创造新事物的速度，跑出中国社会新陈代谢的新景象。

……

人类社会的新阶段、新事物层出不穷，不断地取代旧阶段、旧事物，这就是人类社会历史发展的新陈代谢。

人类社会的新陈代谢告诉我们：只有站在创造新事物的前列，我们才不会落后于时代，才不会落后于世界。

我们中国，从发展中国家变为发达国家，只有一条路可以走，这就是：我们中国人要敢于并善于创造新事物，促进中国社会的新陈代谢。

参考资料

1. 《世界银行 GDP 列表》。

2. 《改革开放》，人民网[引用日期 2016-10-12]。

3. 《无线电话》，百度百科[引用日期 2014-12-25]。

4. 黄凤琳：《两极世界理论》，北京：中央编译出版社，2014：16-21。

5. 《手机发展史及手机发展趋势》，电子发烧友[引用日期 2014-12-24]。

6. 《国务院关于金融体制改革的决定》，新华网[引用日期 2013-05-31]。

7. 《居民收入占 GDP 比重 5 年内增 10%》，新浪财经[引用日期 2013-02-6]。

8. 《统计局首次公布中国居民基尼系数》，路透中文网[引用日期 2013-02-05]。

9. 《习近平五大发展理念之四：改革开放是基本国策》，搜狐新闻，2016-02-09。

10. 《"一带一路"应加强基础理论研究》，中国干部学习网[引用日期 2016-12-07]。

11. 《两极世界理论》简介，中国社会科学院马克思主义研究网[引用日期 2017-01-11]。

12. 《从奢侈品到消费电子产品，手机发展历史回顾》，新浪手机[引用日期 2014-12-24]。

十、用新陈代谢的哲学思维看人的一生

我们看宇宙的新陈代谢，看地球的新陈代谢，看生物界的新陈代谢，看社会的新陈代谢，都是在向外看。现在，我们还要向内看，看我们自己的新陈代谢。

很显然，我们每一个人，都在新陈代谢，也都是新陈代谢的产物。

太阳每一天都是新的，地球每一天都是新的，我们的身体每一天也都是新的。

为什么？因为新陈代谢。

任何一个人，都是从一个细胞开始的。这个细胞是怎么来的，我们在这里不必解说。

但是，必须肯定，每一个人确实是从一个细胞开始的。

我们人体的新陈代谢，就是从这么一个细胞开始的。

人类一般发育小于 8 周为胚，大于 8 周为胎。胎取代胚，是新事物取代旧事物。

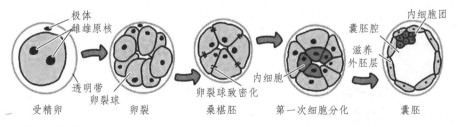

第 1 个月：

受精卵一形成，随即启动卵裂机制。

在第三四天时，受精卵已分裂为约 100 个细胞的内细胞团。

经输卵管蠕动，细胞团被送入子宫腔。通过表面黏性物，贴附于子宫内膜。

靠近子宫内膜的细胞，分泌一种酶，将子宫内膜细胞裂解，形成一个小洞。

从受精后的五六天开始，至第十一二天，整个胚泡埋入内膜。该过程称为"着床"或"植入"。

胚泡植入后，子宫内膜重新长好。胚泡表面的滋养层细胞不断分裂，长出绒毛状突起，形成许多绒毛，伸入子宫内膜，吸收母体营养。

第 2 个月：

胚呈扁平的盘状，称胚盘，直径约 2 cm，漂浮在羊膜腔中。

胚的三个胚层已经形成，并开始分化。

除形成胎盘处的绒毛不脱落外，其余胚泡四周的绒毛均脱落，表面变得光滑。

胚，由存留的胚泡绒毛和子宫内膜共同形成；待胚胎第 12 周，胎盘才完全形成。

第 6 周，出现两条管道合并的心脏原基。虽然不具备心脏形态，但已经开始跳动。之后，胚渐渐出现一条封闭的循环血管，胚开始制造自己的血液(包括其中的各种血细胞)。

第 7 周，神经管出现，后端部分形成脊髓，前端部分稍膨大，为脑的原基。

第 8 周，胚胎约长 20 mm，心脏在腹侧呈一小突起，并轻轻跳动，此时还没有四肢，只有小尾巴在后面凸出。

第 3 个月：

胎先长出胳膊，然后长出双腿，头和尾屈成一团。

头部有耳、鼻孔和下巴，头约占身长的 1/3。

第 11 周，出现椭圆的手和脚，有五条深纹会形成指（趾）。头部两侧长出两眼，出现嘴唇和齿龈，尾巴消失。

胚胎发育早期，胎儿发育很快，第二三个月时所有器官原基基本上已经形成。

其后，只是内部细胞增殖，使其体积增大。

第 4 个月：

胎儿性器官出现，两眼转入脸的正面，前额突出，鼻孔张开，耳朵裂缝可见，四肢变长，手指可辨并有指（趾）甲。

头颈能转动，会张嘴吞咽羊水。

第 5 个月：

胎儿身长约 25 cm，体重约 250 克，头占身长的 1/4。

皮肤上出现胎毛和头发，皮脂腺和汗腺出现。

肠道内有胎粪积聚，主要为胆囊排出的胆汁。

肾已经能排尿，尿液排入羊水中，胎儿的四肢能活动。

第 6 个月：

胎身长约 30 cm，体重达 600～750 克。

胎儿面貌可辨认，肺开始发育，头发增加，皮下有脂肪和皱纹。

胎心每分钟 120～160 次，用普通听诊器可听到。

胎儿能听到声音，如汽车喇叭以及父母交谈声。

第 7 个月：

胎儿身长 35 cm，体重 1 000～1 200 克。

大脑已有沟回和皮层结构。脑细胞的数量和体积还待增加。

神经纤维还不够长，骨骼和肌肉都在发育。

X 光片下，可见颅骨、脊柱、肋骨和四肢骨骼。

骨骼已开始钙化，关节也清晰可见。

内脏功能逐渐完善，能呼吸和啼哭。

皮肤红色有许多皱纹，因皮下脂肪太少，如果此时出生，难以维持体温。

第 8 个月：

肌肉已发达，神经中枢之间相互联系，胎动有质的变化。

会拳打脚踢，会左右转动，会来个 180 度或 360 度大转体，会把母亲从梦中惊醒。

胎儿眼睛能睁开，眼珠表面有薄膜保护。

第 9 个月：

胎身长 45～47 cm，体重 2 000～2 300 克。

这个月出生的胎儿，成活率可高达 95%。

皮下脂肪增加，皱褶逐渐消退，皮肤粉红色，胎毛消失。

第 10 个月：

胎儿身长约 50 cm，体重约 3 000 克。

皮下脂肪丰富，背部和关节有皮脂保护。

头发粗直、光亮，指（趾）甲超过指（趾）端，脚掌有较多掌纹。

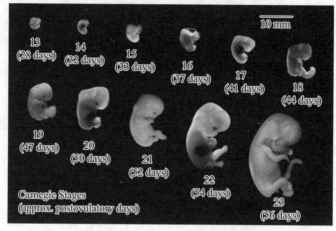

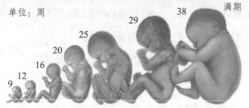

胎儿的发育

胎儿经过分娩，来到世间，就是婴儿。胎儿变婴儿，新陈代谢之必然也。

小于 1 周岁的儿童，都是婴儿。

婴儿期，人生长发育特别迅速，是一生中生长发育最旺盛的阶段。

婴儿足月出生时，已具有较好的吸吮吞咽功能，颊部有坚厚的脂肪垫，有助于吸吮活动；早产儿则较差。吸吮动作是复杂的天性反射。严重疾病会影响吸吮，吸吮会变得弱而无力。

婴儿期，人的体重可以达到出生时的 3 倍，约为 9 000～10 000 克。

人的身长在出生时约为 50 cm，一般每月增长 3～3.5 cm，到 4 个月时增长 10～12 cm，1 岁时可达出生时的 1.5 倍左右。

人的头围，在出生时约为 34 cm，前半年增加 8～10 cm，后半年增加 2～4 cm，1 岁时平均为 46 cm。后面增长速度减缓，到成年人时约为 56～58 cm。

人的胸围，在出生时比头围要小 1～2 cm，到婴儿 4 个月末时，胸围与头围基本相同。

婴儿出生后一段时间内，仍处于大脑的迅速发育期，脑神经细胞数目还在继续增加，需要充足均衡合理的营养素（特别是优质蛋白）的支持。所以，对热量、蛋白质及其他营养素的需求特别旺盛。

6 个月之前，是婴儿视觉的黑白期。

6 个月至 1 岁时，是婴儿的色彩期，这时候婴儿开始辨别颜色。

新生儿及婴幼儿口腔黏膜薄嫩，血管丰富，唾液腺发育不够完善，唾液分泌少，口腔黏膜干燥，易受损伤和细菌感染。

3 个月时，唾液分泌开始增加；5 个月时，明显增多。

3 个月以下小儿，唾液中淀粉酶含量较少，不宜喂淀粉类食物。

婴儿口底浅，不会及时吞咽所分泌的全部唾液，常发生生理性流涎。

新生儿和婴儿的食管呈漏斗状，黏膜纤弱，腺体缺乏，弹力组织及肌层尚不发达。食管下段贲门括约肌发育不成熟，控制能力差，常发生胃食管反应，绝大多数在 8～10 个月时症状消失。

婴儿吸奶时，常吞咽过多空气，易发生溢奶。

新生儿胃容量约为 30～60 毫升，后随年龄而增大：1～3 个月时 90～150 毫升，1 岁时 250～300 毫升。

新生儿胃容量小。新生儿喂食应当少量多次，喂食的次数应较年长儿多。

婴儿胃呈水平位，当开始行走时，其位置变为垂直。

胃平滑肌发育尚未完善，在充满液体食物后，易使胃扩张。

贲门肌张力低，幽门括约肌发育较好，自主神经调节差，易引起幽门痉挛，出现呕吐。

胃黏膜有丰富的血管，但腺体和杯状细胞较少，盐酸和各种酶的分泌均比成人少。

酶活力低，消化功能差。

胃排空时间，随食物种类不同而异，稠厚且含凝乳块的乳汁排空慢。其中，水的排空时间为 1.5～2 小时；母乳为 2～3 小时；牛乳为 3～4 小时。早产儿胃排空更慢，易发生胃潴留。

4 个月前的婴儿，唾液腺分泌功能较弱，唾液分泌量甚少，唾液淀粉酶活力很低。在肠腔内，除胰淀粉酶外，其他消化酶均已具备。此阶段，除了对母乳的蛋白质、脂肪消化能力较好外，对淀粉类食物及其他动物乳类的消化能力相对较弱。

婴儿一生下来，就具备了吃母乳的能力。母乳喂养，是婴儿最适合的喂养方式。

新生婴儿肝脏中酶活性较低，葡萄糖醛酸转换酶的活力不足，容易发生生理性黄疸。酶不足时，对某些药物的解毒能力也较差，剂量稍大即引起严重的毒性反应。

小儿肠管相对比成人长，一般为身长的 5～7 倍，或为坐高的 10 倍，有利于消化吸收。

肠黏膜细嫩，富有血管和淋巴管，小肠绒毛发育良好，肌层发育差。肠系膜柔软而长，黏膜组织松弛，尤其结肠无明显结肠带与脂肪垂，升结肠与后壁固定差，易发生肠扭转和肠套叠。

肠壁薄，通透性高，屏障功能差。肠内毒素、消化不全产物、过敏原等，可经肠黏膜进入体内，易引起全身感染和变态反应性疾病。

在母体内，胎儿的肠道是无菌的。出生后数小时，细菌即从空气、奶头、用具等，经口、鼻、肛门入侵至肠道。

一般情况下，胃内几乎无菌，十二指肠和上部小肠也较少，结肠和直肠细菌最多。

肠道菌群，受食物成分影响。

单纯母乳喂养儿，以双歧杆菌占绝对优势。

人工喂养和混合喂养儿，肠内的大肠杆菌、嗜酸杆菌、双歧杆菌、肠球菌，所占比例几乎相等。

正常肠道菌群，对侵入肠道的致病菌，有一定的拮抗作用。

消化功能紊乱时，肠道细菌大量繁殖，可进入小肠甚至胃内而致病。

年龄愈小，肝脏相对愈大。

婴儿肝脏结缔组织发育较差，肝细胞再生能力强，不易发生肝硬变，但易受各种不利因素的影响（如，缺氧、感染、药物中毒等，均可使肝细胞发生肿胀、脂肪浸润、变性坏死、纤维增生而肿大），从而影响其正常生理功能。

婴儿时期，胆汁分泌较少，故对脂肪的消化、吸收功能较差。

婴幼儿时期，胰腺液及其消化酶的分泌极易受炎热天气和各种疾病影响而被抑制，容易发生消化不良。

出生后几个月，肾小管逐渐增长后才具有回吸收能力。

肾小球的滤过率较低，肾脏对于营养物质代谢后产生的"废料"的处理能力较弱。

婴儿肾小管还未长到足够的长度，功能不足，排钠的能力有限，钠的慢性滞留会引起水肿。如果摄入过量的食盐，蓄于体内，会导致成年时高血压。

对 4 个月之前的婴儿，食物中食盐的摄入量，应特别注意。

一般提倡：4 个月以内的婴儿，要控制钠盐的摄入量。

一岁以后，人就进入幼儿期。

幼儿期取代婴儿期，新陈代谢之必然也。

在幼儿期，人的个体的生理不断地发展变化。

身高、体重在增长，身体各部分的比例逐渐接近于成人，肌肉、骨骼越来越结实有力，神经系统特别是大脑皮层的结构和功能不断成熟和发展。

幼儿大脑重量在继续增加，3 岁时为 1 011 克，到六七岁时能达到 1 280 克。这时皮层细胞的纤维继续增长，分枝增多，并不断地髓鞘化；皮层细胞之间的联系增多，分析综合活动日益完善，皮层各叶相继成熟，皮层抑制功能迅速发展。这些，为幼儿的心理发展提供了条件。

幼儿头颅的发育与其他部位相比，处于领先地位。1～3 岁内，头围全年增长 2 cm；以后直到 15 岁，仅增 4～5 cm，达到成人的头围。

出生时，新生儿的胸围比头围小 1～2 cm，1 岁左右小儿的胸围赶上头围，1 岁后只 12 岁胸围超过头围。

1 岁时，婴儿应出 6～8 颗乳牙；2 岁半时，20 颗乳牙应全部出齐。

一般情况下，1 岁半的幼儿，颅囟都应闭合。

体格生长速度减慢，但仍稳定增长：体重稳定在每年增长 2 kg 左右，身高稳定在每年 5～7 cm。

比婴儿时期旺盛的食欲，相对略为下降。

会走、会跳、会跑，开始接触外界环境相对增多。

神经、心理发展迅速。

语言、记忆、思维想象力、精细运动等，发展增快。

对外界环境产生好奇心，好模仿，向智能发展过渡。

随着年龄的增长，与周围交往增多，对客观事物的认识与情感多样化，易产生同情感、荣誉感、信任感。正确引导，可逐步区别好与坏，喜欢与不喜欢。

幼儿期一过，人就进入儿童青春期。

儿童青春期的到来，新陈代谢之必然也。

儿童期、青春期发育，遵循"向心律"。

人身体各部的形态发育顺序是：下肢先于上肢，四肢早于躯干，呈现自下而上，自肢体远端向中心躯干的规律性变化。

青春期，足的生长突增最早开始，也最早停止生长；足突增后，小腿开始突增，然后是大腿、骨盆宽、胸宽、肩宽和躯干高，最后是胸壁厚度。

上肢突增的顺序依次为：手、前臂和上臂。

手骨骺愈合，也由远及近，顺序表现为：指骨末端、中端、近端，掌骨、腕骨、桡骨、尺骨近端。

2 岁后至青春期前，生长速度减慢并保持相对稳定。平均每年身高增长 4～5 cm，体重增长 1.5～2.0 kg，直到青春期开始。

青春期开始后，生长速度再次加快，身高一般每年增长 5～7 cm，处在生长速度高峰时一年可达 10～12 cm；男孩增幅大于女孩。

体重一般每年增长约 4～5 kg，高峰时一年可达 8～10 kg。

青春期突增后，生长速度再次减慢，约在女 17～18 岁，男 19～20 岁左右，身高停止增长。男孩突增期增幅较大，生长持续时间较长，故进入成年时，其大多数形态指标的值高于女孩。

儿童生长发育到成年的过渡时期一般为 10～20 岁,此年龄段是青春期。

青春期,是以性成熟为主的一系列生理、生化、内分泌及心理、行为的突变阶段。

青春期的个体,正处在"第二次生长发育高峰": 不仅身高、体重、肩宽和骨盆宽等有了明显的变化,而且神经、心血管、呼吸等系统的生理功能也日趋完善;男女两性的性器官和性机能都迅速成熟,男性遗精、女性月经来潮,同时出现"第二性征"。

青春期由于生理上的变化,带来了性意识的觉醒。

一般地说,女性比男性青春期开始得早,结束得也早。

青春期的起始年龄、发育速度、程度及成熟,均有很大的个体差异。

大约十二岁,男性睾丸和阴囊开始增大,阴囊变红,皮肤质地改变。十二到十三岁时,阴茎变长,但是周径增大的速度较小,睾丸和阴囊仍在继续生长,出现阴毛,前列腺开始活动。十四到十五岁,阴囊和阴茎开始继续增大,阴茎头根充分发育,阴囊颜色较深,睾丸发育成熟,出现梦遗。

由于卵巢比睾丸发育早,女性的身体发育要比男孩早 1～2 年。

女孩青春期,起讫时间大约各为 9～12 岁及 18～20 岁。

在青春期,身高、体重迅速增长;身体各脏器功能趋向成熟,神经系统的结构已接近成年人。

思维活跃,对事物的反应能力提高,分析问题能力和记忆力增强。

内分泌系统发育成熟,肾上腺开始分泌雌性激素,刺激毛发生长,出现阴毛、腋毛。

生殖系统"下丘脑—垂体—卵巢轴"系统发育成熟,卵巢开始分泌雌激素、孕激素及少量雄激素,刺激机体内,阴道开始分泌液体,外生殖器官发育。

出现第二性征,如乳房隆起、皮下脂肪丰满、骨盆宽大、嗓音细高等,月经来潮是青春期最显著的标志。

青春期一过,青年期到来。

青年期取代青春期,新陈代谢之必然也。

从十七八岁到 25 岁是青年期，是个体从不成熟的儿童期、少年期走向成熟的成年期的过渡阶段。

处在这个时期的青年，不论就生理成熟来说，还是就智力发展、情感和意志表现、个性特征、言语行为表现来说，都有其特点。

青年期，人的生理发育和心理发展达到成熟水平，进入成人社会，承担社会义务，生活空间扩大，开始恋爱、结婚。

青春期，人的生理发展趋于平缓并走向成熟，思维逐渐达到成熟水平，独立自主性日益增强，个性趋于定型，社会适应能力、价值观和道德观形成并成熟。

青年期是个体生理发育成熟的时期，主要表现为：形态生长发育完全成熟的年龄在 22 岁左右，此时身高、坐高均达最大值；脉搏频率随年龄的增长而逐渐减慢，18～19 岁时趋于稳定。青春发育期的第二性征，男女均在 19～20 岁发育完成。

青年期的思维能力方面，继续发展到个体思维发展的高峰期，并达到成熟。

青年期的思维，常常偏颇于要么正确、要么错误的二分法，较少考虑合理或不合理的程度。对问题和事物，容易持非此即彼、非黑即白（没有灰区）的看法。对知识和真理的认识，也缺乏相对性观点。

在青年期，思维活动的依赖性迅速减弱，独立性和批判性快速提高。青年初期的思维、自我监控能力，已经接近成人水平。

青年期一过，成年期到来。

成年期取代青年期，新陈代谢之必然也。

成年期，是个体从 18、25 岁起到 60 岁的时期。

通常，人们又把成年期划分为两个阶段：成年前期，从 18、25 岁到 40 岁；成年后期，40～60 岁。

人在成年期，身心发展变化比较平稳，不像童年期、少年期、青年期或老年期那么显著和剧烈。这一时期，相当于生理学上的成熟期。

成年期，是先前各阶段发展结果集中表现的时期，会直接影响到老年期。

在成年期，人主要的生活课题是成家立业，即组织家庭，抚育子女，干一番事业。

成年人，过着独立自主的生活，承担着复杂的社会责任，是社会的中坚力量，是社会物质和精神财富生产的主力军。

成年人的身体变化，不像其他阶段那么显著，而是平缓进行。

根据心理学家的研究，多数人身体功能在 25～30 岁时达到高峰，体力、灵敏度、反应、手工技能等，都处于最佳状态。

美国心理学家 N.W.肖克，测量了成年期男性的工作率（指两分钟内心率能恢复正常的工作量）、心血输出量和肺活量，发现这些指标在 25～30 岁最佳，30 岁以后开始缓慢下降。

当然，这个趋势是就一般而言，个别差异还是很大的。

有的人到 50 多岁，身体组织和功能还很少变化。

多数变化，似乎是由于身体不同部位的细胞减少造成的。

成年早期，身体各部位细胞充裕，余量较大，减少一些，影响也不大。后来余量丧失，继续减少就会产生可见的影响。

成年期一个重要的身体变化，是更年期变化，在女性身上表现更加明显。

妇女更年期，一般发生于 40～50 岁之间，生理上表现为：排卵停止，行经停止，有时伴随阵热和出汗；心理上表现为心情抑郁，情绪不稳定。

更年期变化，主要是由性激素急剧下降引起的，也与女性对更年期的认识和态度有关，有个体差异。

有的妇女在更年期感觉不到什么症状，有的有身体症状却没有情绪障碍。

就人的大脑的发展而言，20 岁以前大脑的成熟过程已基本完成，但某些方面还在发展着。髓鞘化过程是大脑发展的一个重要指标，网状组织的髓鞘化过程延续到 30 多岁。作为智力过程的生理基础的大脑联合区，一直发展到老年。

成年期一过，老年期到来。

老年期取代成年期，新陈代谢之必然也。

老年期，是人生过程的最后阶段。

老年期，指 60 岁至衰亡的这段时期。

按联合国的规定，60 岁或 65 岁为老年期的起点。

老年期的特点是：身体各器官组织出现明显的退行性变化，心理方面也发生相应改变，衰老现象逐渐明显。

由于各种变化，包括衰老是循序渐进的，人生各时期很难截然划分。

衰老过程的个体差异很大，即使在一个人身上，各脏器的衰老进度也是不同步的。

衰老与健康水平有关，不同时代、不同地区的人，衰老进度也不同。

多数人的衰老变化，在 40 岁左右逐渐发展，60 岁左右开始显著。

从医学、生物学的角度，规定 60 岁或 65 岁以后为老年期，其中 80 岁以后属高龄，90 岁以后为长寿期。

老年期的规定，还受社会经济乃至国家政策（如退休政策）的影响。

美国、日本、欧洲等发达国家和地区，多以 65 岁为老年的标准；一些发展中国家，多以 60 岁为标准。

老年人的特点是，结构功能多趋向衰退，但在智力方面一般并不减退，特别在熟悉的专业或事物方面，智能活动不但不减退，还有增加。

老年期，有消极的一面，也有积极的一面。

老年期，总要涉及"老化"和"衰老"两个东西。

老化，指个体在成熟期后的生命新陈代谢过程中所表现出来的一系列形态学以及生理、心理功能方面的退行性变化。

衰老，指老化过程的最后阶段或结果，如体能失调、记忆衰退、心智钝化等。

衰老，是人的生命新陈代谢走向终结的自然过程，是人体新陈代谢的必然结局。

这就是人的一生，从一个细胞的新陈代谢开始，到胚胎、婴儿、幼儿、儿童少年，再到青年、成年，最后进入老年，直至死亡，一个新阶段代替另一个旧阶段，走完一生。

大家都愿意长大，可是，大家都不愿意变老。

衰老可以研究，在一定的程度上，老化可以逆转，可是这需要在新陈代谢方面做文章。

在笔者看来，人长大是新陈代谢，人变老也是新陈代谢。但是，这两者会有所不同。人在长大的过程中，其新陈代谢的同化作用大于异化作用；人在变老的过程中，其新陈代谢的异化作用大于同化作用。这就是两者的差别，是新陈代谢的矛盾的双方，在矛盾斗争的过程中力量对比发生了变化。

人体老化，本质是人体细胞衰老。

细胞衰老，是生命科学的重大课题。

细胞的生命历程，要经过未分化、分化、生长、成熟、繁殖、衰老和死亡几个阶段。

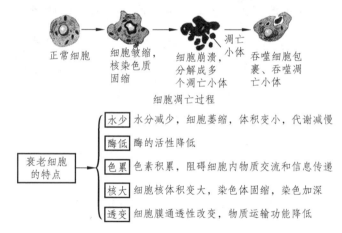

细胞衰老，是细胞在执行生命新陈代谢过程中，随着时间的推移，细胞增殖与分化能力、生理功能逐渐衰退的变化过程。

衰老死亡的细胞，被机体的免疫系统清除。

同时，新生的细胞，不断从相应的组织器官生成，以弥补衰老死亡的细胞。

细胞衰老死亡与新生细胞生长的动态平衡，是维持机体正常生命活动的基础：

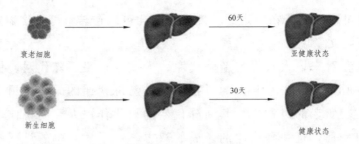

细胞衰老死亡小于新生细胞生长，人就长大；

细胞衰老死亡与新生细胞生长持平，人体就处于稳定状态；

细胞衰老死亡大于新生细胞生长，人体就老化。

细胞是人体结构和功能的基本单位，也是人体衰老的基本单位。

据此，抗拒衰老的对策是：研究人体细胞新陈代谢，让细胞活得更长。

细胞衰老，在细胞形态学上表现为细胞结构的退行性变化：

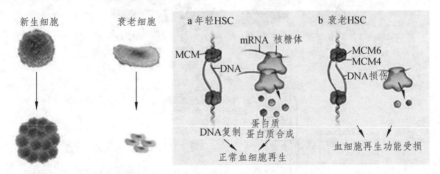

核膜凹陷，核膜崩解，染色质结构变化，超二倍体和异常多倍体的细胞数目增加；

细胞膜脆性增加，选择性通透能力下降，膜受体种类、数目、对配体的敏感性弱化；

脂褐素在细胞内堆积，多种细胞器和细胞内结构发生退行性变化。

据此，抗拒衰老的对策是：研究脂褐素的生理特性，减少其在人体细胞内的堆积。

细胞衰老，在生理学上的表现为功能衰退与代谢低下：

细胞周期停滞，细胞复制能力丧失；细胞内酶活性中心被氧化，酶活性降低，蛋白质合成能力下降等。

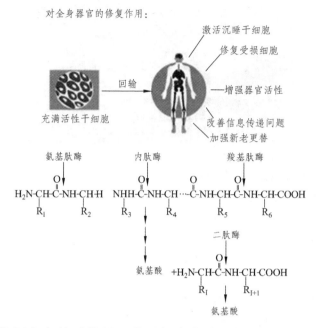

据此，抗拒衰老的对策是：激活细胞内酶活性，还原细胞内酶。

有研究表明，衰老细胞的细胞核、细胞质和细胞膜等均有明显的变化：
细胞内水分减少，体积变小，新陈代谢速度减慢；
细胞内大多数酶的活性降低；
细胞内的色素积累；
细胞内呼吸速度减慢，细胞核体积增大，核膜内折，染色质收缩，颜色加深；
线粒体数量减少，体积增大；
细胞膜通透性功能改变，物质运输功能降低。

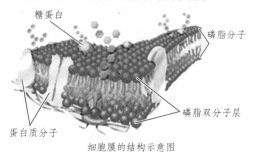

细胞膜的结构示意图

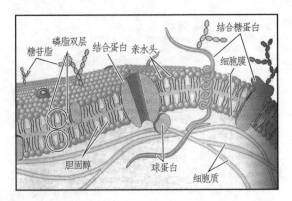

据此，抗拒衰老的对策是：

增加细胞内水分，激活细胞内大多数酶的活性；

减少细胞内的色素积累；

增强细胞内呼吸；

增强细胞膜通透性功能，使物质运输功能增强。

衰老细胞的形态变化表现有：

核：增大、染色深、核内有包含物；

染色质：凝聚、固缩、碎裂、溶解；

质膜：黏度增加、流动性降低；

细胞质：色素积聚、空泡形成；

线粒体：数目减少、体积增大；

高尔基体：碎裂；

尼氏体：消失；

包含物：糖原减少、脂肪积聚；

核膜：内陷。

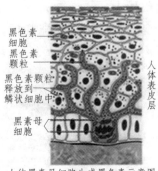

人体黑素母细胞生成黑色素示意图

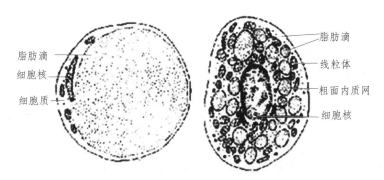

据此，抗拒衰老的对策是：减少细胞色素，增加细胞糖原，减少细胞脂肪积聚。

在分子水平上，细胞老化有多种表现：

DNA：从总体上 DNA 复制与转录在细胞衰老时均受抑制，但也有个别基因会异常激活，端粒 DNA 丢失，线粒体 DNA 特异性缺失，DNA 氧化、断裂、缺失和交联，甲基化程度降低。

RNA：mRNA 和 tRNA 含量降低。

蛋白质：合成下降，细胞内蛋白质发生糖基化、氨甲酰化、脱氨基等修饰反应，导致蛋白质稳定性、抗原性、可消化性下降，自由基使蛋白质肽断裂、交联而变性。氨基酸由左旋变为右旋。

酶分子：活性中心被氧化，金属离子 Ca^{2+}、Zn^{2+}、Mg^{2+}、Fe^{2+} 等丢失，酶分子的二级结构、溶解度等发生改变，总的效应是酶失活。

脂类：不饱和脂肪酸被氧化，引起膜脂之间或与脂蛋白之间交联，膜的流动性降低。

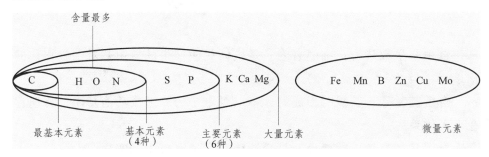

据此，抗拒衰老的对策是：还原被氧化的酶分子，增加细胞内的金属离子 Ca^{2+}、Zn^{2+}、Mg^{2+}、Fe^{2+} 等，还原被氧化的不饱和脂肪酸，增加膜

的流动性。

细胞为什么会衰老呢？有多种学说解释和说明。

细胞有限分裂学说认为： 人的细胞增殖次数是有限的。

许多实验证明：正常的动物细胞，无论是在体内生长，还是在体外培养，其分裂次数总存在一个"极值"。

细胞分裂次数的极值，被称为"Hayflick"极限，为细胞最大分裂次数。

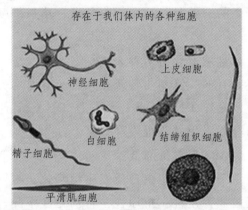

存在于我们体内的各种细胞

神经细胞　上皮细胞　白细胞　结缔组织细胞　精子细胞　平滑肌细胞

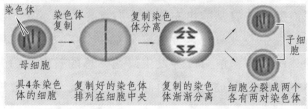

染色体　染色体复制　复制染色体分离　子细胞　母细胞

具4条染色体的细胞　复制好的染色体排列在细胞中央　复制的染色体渐渐分离　细胞分裂成两个各有两对染色体

据此，抗拒衰老的对策是：延长每一代细胞的生长期。

自由基学说认为： 细胞衰老，是机体代谢产生的自由基对细胞损伤的积累。

自由基，是一类瞬时形成的含不成对电子的原子或功能基团，普遍存在于人体系统。

自由基种类多、数量大，是活性极高的过渡态中间产物。

正常细胞内，存在清除自由基的防御系统，包括酶系统和非酶系统。前者如超氧化物歧化酶(SOD)、过氧化氢酶(CAT)、谷胱甘肽过氧化物酶

(GSH-PX)；非酶系统有维生素 E、醌类物质等电子受体。

人体通过生物氧化反应，为组织细胞生命活动提供能量，在此过程中，会产生大量活性自由基。

自由基的化学性质活泼，可攻击人体细胞内的 DNA、蛋白质和脂类等大分子物质，造成损伤，如 DNA 的断裂、交联、碱基羟基化；会造成蛋白质变性而失活、膜脂中不饱和脂肪酸的氧化而流动性降低。

有实验表明：DNA 中 OH8dG 随着年龄的增加而增加。OH8dG 完全失去碱基配对特异性，不仅 OH8dG 被错读，与之相邻的胞嘧啶也被错误复制。

大量实验证明：超氧化物歧化酶与抗氧化酶的活性升高，能延缓机体的衰老。

Sohal 等人（1994、1995），将超氧化物歧化酶与过氧化氢酶基因导入果蝇，使转基因株比野生型这两种酶基因多一个拷贝，结果转基因株中酶活性显著升高，平均年龄和最高寿限有所延长。

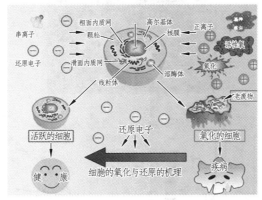

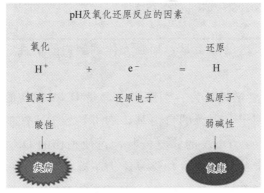

据此，抗拒衰老的对策是：多研究人体还原原理，不要只知道人体氧化。

端粒学说的"细胞染色体端粒缩短的衰老生物钟理论"认为：细胞染色体末端特殊结构即端粒的长度决定了细胞的寿命。

Harley 等 1991 年发现，体细胞染色体的端粒 DNA，会随细胞分裂次数的增加而不断缩短。DNA 复制一次，端粒就缩短一段，当缩短到一定程度至 Hayflick 点时，细胞停止复制，而走向衰亡。

有资料表明，人的成纤维细胞端粒每年缩短 14～18bp。

染色体的端粒，有细胞分裂计数器的功能，能记忆细胞分裂的次数。

端粒的长度，与端聚酶的活性有关。端聚酶，是一种反转录酶，能以自身的 RNA 为模板合成端粒 DNA。在精原细胞和肿瘤细胞（如 Hela 细胞）中，有较高的端聚酶活性。正常体细胞中，端聚酶的活性很低，呈抑制状态。

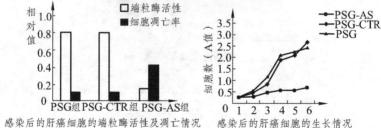

感染后的肝癌细胞的端粒酶活性及凋亡情况　感染后的肝癌细胞的生长情况

据此，抗拒衰老的对策是：加强人体细胞内酶活性。

DNA 损伤衰老学说认为：细胞衰老，是 DNA 损伤的积累。

外源的理化因子，内源的自由基，均可导致 DNA 的损伤。

正常机体内存在 DNA 的修复机制，可使损伤的 DNA 得到修复。

但是随着年龄的增加，这种修复能力下降，导致 DNA 的错误累积，最终细胞衰老死亡。

DNA 的修复并不均一，转录活跃基因被优先修复；在同一基因中，转录区被优先修复。

彻底的修复，仅发生在细胞分裂的 DNA 复制时期，这是干细胞能永葆青春的原因。

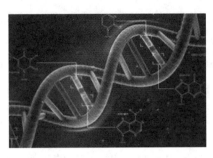

基因编辑原理

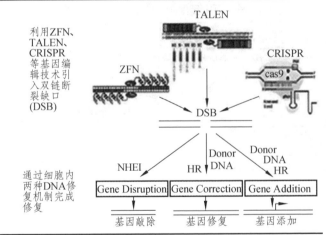

数据来源：基因编辑技术在基因治疗中的应用进展 上海证券研究所

据此，抗拒衰老的对策是：研究修复 DNA 的酶，激活之。

基因衰老学说认为：细胞衰老，受衰老相关基因的调控。

有统计学资料表明，子女的寿命与双亲的寿命有关，各种动物都有相当恒定的平均寿命和最高寿命。

成人早衰症病人，平均 39 岁时出现衰老，47 岁生命结束。

婴幼儿早衰症的小孩，在 1 岁时出现明显的衰老，12～18 岁即过早夭折。

物种的寿命，主要取决于遗传物质。DNA 链上，可能存在一些"长寿基因"或"衰老基因",决定个体的寿限。

有研究表明,当细胞衰老时,一些衰老相关基因(SAG)表达特别活跃,其表达水平大大高于年轻细胞。已在人 1 号染色体、4 号染色体及 X 染色体上发现 SAG。

人们对线虫的研究表明,基因确可影响衰老及寿限。Caenrhabditis elegans 的平均寿命仅 3.5 天,该虫 age-1 单基因突变,可提高平均寿命 65%,提高最大寿命 110%。age-1 突变型,有较强的抗氧化酶活性,对双氧水、农药、紫外线和高温的耐受性,均高于野生型。

对早衰老综合征的研究发现,人体内解旋酶存在突变,该酶基因位于 8 号染色体短臂,称为 WRN 基因,对 AD 的研究发现,至少与 4 个基因的突变有关。其中淀粉样蛋白前体基因(APP)的突变,导致基因产物 β 淀粉蛋白易于在脑组织中沉积,引起基因突变。

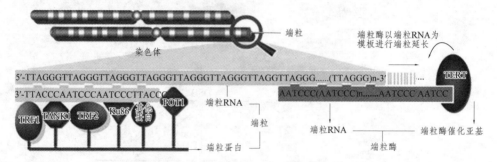

据此,抗拒衰老的对策是:找出长寿基因,激活之。

分子交联学说认为:生物大分子之间形成交联,导致细胞衰老。

生物体衰老存在分子机制。

人体是一个不稳定的化学体系,属于耗散结构。

人体中各种生物分子,具有大量的活泼基团,它们必然相互作用发生化学反应,使生物分子缓慢交联,以趋向化学活性的稳定。

随着时间的推移,交联程度不断增加,生物分子的活泼基团不断消耗减少,原有的分子结构逐渐改变,这些变化的积累,使生物组织逐渐出现衰老现象。

生物分子或基因的这些变化,会表现出不同活性甚至作用,彻底改变基因；还会干扰 RNA 聚合酶的识别结合，影响转录活性。转录活性有次序地逐渐丧失，促使细胞、组织发生进行性和规律性的表型变化乃至衰老死亡。

各种生物分子随着时间推移，按一定自然模式发生进行性自然交联。

进行性自然交联，使生物分子缓慢联结，分子间键能不断增加，逐渐高分子化，溶解度和膨润能力逐渐降低和丧失，人体细胞和组织出现老态。

进行性自然交联，导致基因的有序失活，使人体细胞加速衰老化进程。

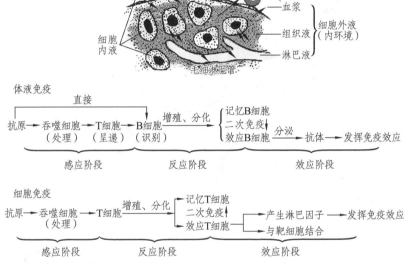

据此，抗拒衰老的对策是：降低人体体液黏度，加强体液流动性。

代谢废物积累学说认为：细胞代谢产物积累到一定量后，会危害细胞，引起衰老。

脂褐质会在人体沉积。

脂褐质，是一些长寿命的蛋白质和 DNA、脂类共价缩合形成的巨交联物，次级溶酶体是形成脂褐质的场所。

脂褐质结构致密，不能被彻底水解，不能排出细胞，在细胞内沉积增多，阻碍细胞的物质交流和信号传递，最后导致细胞衰老。

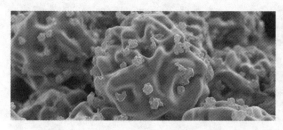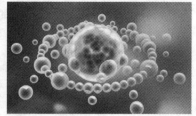

据此，抗拒衰老的对策是：减少细胞垃圾。

体细胞突变学说认为：诱发和自发突变积累，功能基因的丧失，减少了功能性蛋白的合成，导致细胞衰老和死亡。

如，辐射可使人体出现衰老的症状，和正常衰老非常相似。

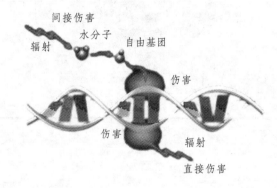

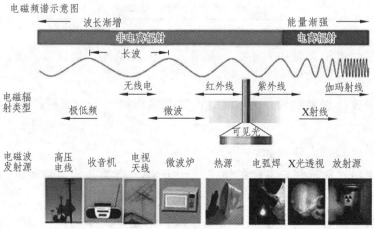

据此，抗拒衰老的对策是：防辐射，减少辐射。

细胞衰老和机体衰老不同，但两者有密切关系。

机体衰老的基础，是构成机体的细胞在整体、系统、器官、组织水平的衰老，但不等于构成机体的所有细胞都发生了衰老。

正常生命活动中，细胞衰老死亡与新生细胞生长更替，是人体新陈代谢的必然规律，避免了组织结构退化和衰老细胞的堆积，使机体延缓了整体衰老。

人体不同种类细胞的寿命和更新时间有很大的差别：

成熟粒细胞的寿命，仅为 10 余小时；

红细胞的寿命，约为 4 个月；

胃肠道的上皮细胞，每周需要更新 1 次；

胰腺上皮细胞的更新，约需要 50 天；

皮肤表皮细胞的更新，大约需要 1～2 个月；等等。

人体细胞的寿命，总是比人的寿命短很多。

发育生物学理论认为：哺乳动物自然寿命，约为其生长发育期的 5～7 倍。

推论：人体完成生长发育约在 20～22 周岁，自然寿命应是 100～150 岁。

事实上，人类大多数人都很难达到 100 岁。

人体细胞衰老，是人体衰老和死亡的基础。

自然衰老不是疾病，却与许多老年性疾病关系紧密。

随着年龄增长，衰老人体在应激和损伤状态下，保持和恢复体内稳态的能力下降，罹患心血管疾病、恶性肿瘤、糖尿病、自身免疫疾病和老年性痴呆等概率增大。

人们往往把人类老年性疾病认为是衰老的必然结果。这不够准确。生理性衰老与病理性衰老有本质区别。

生理性衰老，是一个缓慢过程。生理性衰老者，基本上能够老而无疾，老而不衰，甚至老当益壮。

病理性衰老，常年身体虚弱，疾病缠身，疾病促使人体加速老化。

据此，抗拒衰老的对策是：加强人体生理功能，消灭人体疾病。

细胞衰老，人体衰老，是新陈代谢的必然结果。

我们不能消灭衰老，但是可以抗拒衰老。怎么抗拒呢？

抗拒衰老，非常简单，用知识做引导，在新陈代谢方面进行探索即可。

一个享受人体自然历史进程的人，人生最后的阶段，在干什么呢？在抗拒衰老，在尽可能地延长自己生命的新陈代谢过程，让自己生命的新陈代谢更长更久……

参考资料

1.《胚胎工程》，胚胎工程[引用日期 2016-10-25]。

2. 张承芬、马广海编：《社会心理学》，山东人民出版社，2010 年。

3.《细胞衰老相关基因的探索》，《生物化学与生物物理进展》，2001，28（4）。

4.《卫生部首发儿童营养发展报告》，营养 COM 生活，2012-10-08[引用日期 2012-10-20]。

5.《衰老或肿瘤：癌基因诱导的双向性》，《生物化学与生物物理进展》，2009，36（12）。

6.《世界首次！中国实现哺乳动物胚胎在太空发育》，258 科技新闻网，[引用日期 2016-04-22]。

7.《人参皂苷 Rg1 延缓细胞衰老过程中端粒长度和端粒酶活性的变化》，《中国药理学通报》，2005，21（1）。